특목고
자사고 가는
수학

2
기하와
미로

★★★ 최상위권 학생을 위한 신유형 수학의 정석 ★★★

특목고
자사고 가는

매쓰멘토스 수학연구회 지음

수학

2

기하와
미로

살림Math

수학이 즐거워지는 아주 특별한 주문
"마테마테코이(mathematekoi)"

수학(mathematics)이라는 용어는 피타고라스로부터 유래되었다. 일반적인 배움을 뜻하는 마테마(mathema)와 깨달음을 뜻하는 마테인(mathein)이 결합된 '마테마테코이(mathematekoi)' 즉, '모든 것을 연구하여 깨우치는 사람들'이라는 의미이다. 수학이란 지루하고, 어렵고, 기계적으로 계산만 해야 하고, 공식을 외워야 한다는 생각을 버려야 한다. 그리고 수학이 세상의 모든 학문들의 공통분모라는 것을 깨달아야 한다.

이 책은 지루한 수학이라는 고정관념을 깨기 위해서 집필한 책이라고 자신 있게 말할 수 있다. 이 책은 문제만 푸는 참고서로 만든 책이 아니라 수학적인 사고력과 논리력을 키워 수학에 대한 교양과 실력을 한번에 키우기 위한 책이다. 이를 위해서 필자들은 실생활과 밀접한 관계를 맺고 있는 수학의 원리를 쉽고 재미있게 이해할 수 있도록 하기 위해 많은 정성을 기울였다.

영재교육에 대한 관심이 날로 높아지고 있다. 특히 영재학교, 특목고, 자사고 입시를 대비하고 있는 학생들은 수학과 과학 고등과정에 대한 선행·심화학습이 필요하다. 이 책은 중고등학교 수학과정과 동일하게 구성하였기 때문에 내신은 물론, 각종 올림피아드나 경시대회를 충분히 준비할 수 있다.

이 책을 펼쳐든 독자는 '이 문제는 수학 공부를 얼마나 해야 풀 수 있는 문제일까?'라는 의문을 가질 것이다. 답은 '누구나 풀 수 있다' 이다. 기본 개념을 잡기 위한 초등학생부터 대입수험생까지 누구나 쉽게 이해하고 따라갈 수 있도록 친절하고 자세하게 설명하고 있다.

'어떻게 하면 수학을 잘 할 수 있을까요?'

필자가 학생들에게 가장 많이 받는 질문이다. 수학을 잘하기 위해서는 일반적으로 네 가지 능력이 필요하다. 첫 번째가 수학문제를 계산 할 수 있는 능력인 '기초력'이다. 그러나 이것은 수학 공부의 일부분에 불과하며, 나머지 세 가지 능력이 더욱 중요하다고 할 수 있다. 그중 '창의력(직관력)'은 문제를 풀 때 해결방법을 구상하거나,

방향을 설정할 때 도움이 되는 능력이다. 또 하나는 '사고력'이다. 사고력은 수학적 논제를 폭넓은 지식과 그 지식의 상호연관성을 생각하여 문제해결을 위한 구상을 하는 것이다. 마지막으로 '논리력'이 필요하다. 구슬도 잘 꿰어야 보배이듯 앞의 세 가지 능력을 최대한 발휘할 수 있게 하는 집중력과 표현력이 바로 논리력이라고 할 수 있다. 바로 요즘 수학, 즉 통합형 수리능력이 바로 이 네 개의 능력을 모두 요구하고 있는 것이다. 때문에 다양한 형식의 문제와 서술형 풀이로 네 개의 능력을 모두 발달시킬 수 있도록 하였다.

영재학교, 특목고, 자사고 신입생 선발의 최종 관문은 구술시험이다. 구술시험을 잘 치르기 위해서는 수학, 과학의 원리를 명확하게 이해해야 한다. 여기서 요구하고 있는 창의적 문제해결능력은 단순 문제풀이 형태가 아닌 논리적 사고와 의사소통 능력이다. 그러기 위해서는 이 책을 통해 탄탄한 배경지식과 원리, 그리고 다른 주제와의 연계성을 충분히 내 것으로 만들어야 한다. 그 다음 수학문제를 해결하기 위한 창의적인 방법을 모색하고, 지금까지 쌓아온 지식을 통합적으로 연관 지어서 논리적인 사고력으로 해결책을 서술해야 하는 것이다. 이 책은 각종 올림피아드나 경시대회 입상을 목표로 하고 있는 학생들에게 더없이 좋은 교양서와 학습서가 될 것이다.

독자들은 이 책과 함께 공부하면서 네 가지 능력을 한꺼번에 발휘하는 훈련을 하

게 될 것이다. 마지막으로 필자는 이 책을 통해 여러분들이 문제를 해결하는 능력을
스스로 발전시켜 나가기를 바란다. 또한 책에 나오는 인문학적 지식과 시사적인 내
용으로 학교에서 배우는 수학에서 한 단계 더 나아가 좀더 넓은 시선과 통합적인 사
고력을 높여나가기를 바란다.

2008년 4월

매쓰멘토스 수학연구회

사고력 수학 퍼즐

각 주제를 시작하기에 앞서 논리력, 사고력, 창의력을 발휘해서 풀어야 하는 문제를 제시한다. 본문을 읽을 때 흥미를 유발하고 주제의 목표와 방향을 제시하는 길잡이 역할을 하고 있다.

각 주제의 구성

수학 교과서에 나오는 지식만으로는 접근하기 어려운 수리적 사고능력의 신장을 위하여 여러 다른 학문과의 통합적 사고 능력을 강조하는 내용을 다루고 있다. 이를 위해 문제풀이 위주의 구성보다는 주제에 대한 기초개념과 심화내용의 주요한 줄거리를 이야기 형식으로 전개하는 방식을 취하고 있다. 또한 주제에 관련된 내용이 우리 생활과 밀접한 관계를 가지고 있다는 것을 보여줌으로써 수학이 단지 시험을 대비하는 과목이 아닌 합리적이고 논리적인 사고방식으로 살아가기 위한 필수 학문임을 보여주고자 하였다.

이 책의 모든 문제에는 난이도와 성격에 맞게 단계가 표시되어 있다. 이 단계는 순차적인 단계가 아니라 문제를 푸는 사람의 수준을 고려한 것이기 때문에 각 주제마다 모든 단계가 수록되어 있지는 않다. 자신에게 맞는 단계를 찾아서 풀어보는 것도 매우 좋은 학습방법이다. 점차 단계를 높여가면서 풀어보도록 하자.

1단계 ●━ 주제를 이해하는 문제

각 주제를 배우기 전에 주제에 대한 우리의 사전 지식을 측정해보거나, 이 주제를 읽으면서 생각해보아야 할 점과 그 주제에 대한 포괄적인 생각을 미리 살펴보기 위한 문제이다.

2단계 ●━ 기초가 되는 문제

주제의 기본 개념이나 그 주제의 기초계산능력 등을 측정하기 위한 문제를 자세한 풀이와 함께 제시하였다.

3단계 ●━ 생각이 필요한 문제

기본 개념을 응용하여 심화, 발전시킨 문제로 실생활에서 수학을 깊이 있게 탐구할 수 있는 기회를 제공하였다.

4단계 ●━ 발상이 전환되는 문제

대학 수리논술 기출문제를 위시하여 그 단원에 대한 이해력, 논리력, 사고력, 창의력을 총체적으로 측정하며 더불어 지식의 폭을 넓힐 수 있는 내용으로 구성하였다.

● 읽을거리 ●

주제에 관련된 수학적인 내용뿐만 아니라 철학, 과학, 문학, 예술, 시사 등 인간 사고활동 전반에 걸친 흥미로운 내용을 실었다. 수학의 폭이 얼마나 넓은가를 보여주며 수학이 단순히 어렵기만 하고 지루한 고립되어 있는 학문이 아니라는 것을 보여준다. 동시에 여러 방면의 상식도 넓힐 수 있도록 하였다.

● 더 알아보기 ●

주제에 관해 가장 깊이있는 심화 내용을 다루었다. 앞으로의 연구과제와 활용 등의 시사적인 주제를 소개하였다.

● 잠깐! ●

본문 내용 곳곳에서 꼭 알고 넘어가야 할 정의와 정리 등을 간단히 요약했다.

● 문제난이도 그래프 ●

3단계 이상의 문제에는 문제 해결을 위해 논리력, 사고력, 창의력이 어느 정도까지 필요한가를 표시해줌으로써 자신의 성향이나 실력을 스스로 판단할 수 있는 척도를 제시해주고 있다.

▉ : 쉬움, ▉▉ : 기본, ▉▉▉ : 보통, ▉▉▉▉ : 심화, ▉▉▉▉▉ : 고난도

⋮ 이 책의 시리즈 구성

contents

1장

풍요로운 실생활의 필수품
기하

외부에서 구한 이렇게 작은 원리에서
이 정도로 많은 일을 이루어내는 것은
기하학의 영광이다.

– 뉴턴

원 등분하기

자와 컴퍼스를 이용하여 원을 4개의 넓이가 같은 영역으로 나누는 방법을 보여
주시오.

풀이

자와 컴퍼스를 이용하면 원을 같은 넓이를 갖는
몇 개의 영역으로 나눌 수 있습니다. 오른쪽 그
림과 같이 반원을 그려서 4개의 같은 면적을 가
지는 부분으로 나눌 수 있습니다.

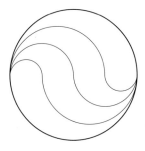

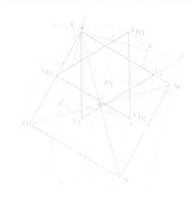

기하는
풍요로운 실생활을 위한 필수품

고대 문명국가 중 하나인 이집트는 아프리카 대륙의 동북쪽에 있었습니다. 이미 2,000여 년 전에 멸망한 이집트는 오늘날의 이집트와는 다른 나라입니다. 그 당시의 이집트는 무덥고 비가 오지 않는 건조한 날씨로 마치 사막 지대 같았으나, 다행히 국토 한가운데를 가로지르는 나일 강이라는 큰 강이 있었습니다.

나일 강은 풍부한 수량으로 이 일대의 땅을 적셔 주었을 뿐만 아니라 매년 큰 홍수가 날 때마다 상류로부

이집트 나일 강 유역

터 기름진 흙을 휩쓸어왔습니다. 덕분에 홍수가 지나간 땅은 농사가 아주 잘 되었습니다. 나일 강은 신이 내린 선물이었습니다. 하지만 매년 계속되는 나일 강의 범람은 신의 축복일 수만은 없었습니다. 나일 강의 범람으로 많은 피해를 입었던 것입니다. 이집트 인은 이 자연재해를 극복하기 위해 수많은 노력을 했습니다. 홍수가 일어나

는 시기를 예상하기 위해 천문학과 역학을 연구하였으며, 운하를 파고 수문을 만들고 둑을 쌓기 위해 토목 사업을 발전시켰습니다. 그 결과 불멸의 건축물인 피라미드를 건축할 수 있게 되었습니다.

그뿐 아니라 강물이 범람한 후에 토지의 경계가 유실되는 것을 방지하고, 토지를 적절하게 재분배하기 위하여 측량술이 발달하게 되었습니다. 이 측량술이 바로 기하학의 기원이 되었고 오늘날 'geometry(기하학)'의 어원은 토지를 뜻하는 geo-와 측량을 뜻하는 metry를 합쳐서 만들어졌습니다.

$$geo(토지) + metry(측량하다) = geometry(기하학)$$

고대 이집트의 측량술은 기하학의 발전에 많은 영향을 주었습니다. 그러나 이집트의 측량술은 실용적인 문제를 처리하기 위한 기술일 뿐, 도형 자체를 연구 대상으로 삼거나 구조를 분석하는 학문으로는 발전하지 않았습니다.

또한 고대 수학문헌 중에서 가장 오래된 『파피루스(또는 린드(Rhind) 파피루스)』의 저자 아메스가 승려였다는 사실에서도 알 수 있듯이 특권층의 사람들이 기하학을 독차지하고 율법화 함으로써 일반인들은 파피루스의 내용에 의문을 갖거나 수정을 할 수 없었습니다. 결국 경험적 사고만을 중시하고 학문의 자유가 보장되지 않았던 이집트에서는 더 이상 기하학이 발달할 수 없었습니다.

이와 반대로 유럽 남단에 위치한 그리스는 국토의 삼면이 바다로 둘러싸여 있었기 때문에 주변 여러 나라와 왕래가 자유로웠습니다. 이 때문에 다른 나라의 다양한 문명을 폭넓게 받아들일 수 있었습

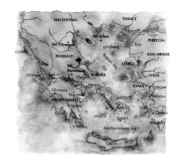

고대 그리스

니다. 그리스 초기의 많은 수학자들은 선진 문명국이었던 이집트로부터 실용적인 지식을 받아들였습니다. 논리적인 사고방식을 좋아하던 그리스인들은 연역적(演繹的) 증명을 통해 직관적이고 단편적인 지식들을 누가 보아도 옳다고 인정할 수밖에 없도록 정리하였습니다.

또한 이들은 기하학을 제자들에게 논리적 사고를 훈련시키기 위한 최상의 방법으로 생각했습니다. 그리스의 유명한 철학자 플라톤은 아테네에 철학 학원 '아카데메이아(Akademeia)' 를 열어 전국 각지에서 젊은이들을 모아 교육과 연구에 전념하며 여생을 보냈습니다.

플라톤은 이 학원의 정문에 "기하학을 모르는 자는 이 문 안에 들어오지 말라!" 라는 글을 써 붙였다고 합니다. 이 정도로 그리스 사람들은 기하학을 중시했습니다.

기하학은 논리적 사고를 통해서 주변에서 흔하게 볼 수 있는 점·선·면·입체도형에 관해 진리를 얻게 되는 학문입니다. 오늘날 수학은 물론 건축·음악·미술 등의 예술분야, 더 나아가 우주의 공간을 연구하는 곳에서까지 기하학을 사용되고 있습니다.

기하학은 과거에서부터 현재에 이르기까지 놀라운 인류문명을 꽃 피웠으며, 앞으로도 끊임없이 상상조차 할 수 없는 기하학의 세계로 우리를 인도할 것입니다. 그럼 이제부터 늘 우리 곁에 있어서 사소해 보였던 기하학의 놀라운 세계로 여행을 떠나볼까요?

아메스의 파피루스(또는 린드 파피루스)

1858년의 겨울, 스코틀랜드의 골동품 수집가인 A. 헨리 린드라는 사람이 이집트를 여행하던 중에 테베의 작은 고대 건물 폐허 속에서 발견되었다는 파피루스를 샀습니다. 린드는 5년 후 폐결핵으로 죽었고, 파피루스는 영국의 대영 박물관에 보관되었습니다. 그 후 이 파피루스는 그의 이름을 따 린드 파피루스라고도 불립니다.

이 문서는 길이가 약 5m, 폭이 30cm 정도이며

린드 파피루스(Rhind Papyrus)

한 부분이 분실된 채 발견되었는데, 분실된 부분은 반세기 후에 뉴욕의 역사학회의 장서 속에서 발견되었습니다.

이 파피루스는 기원전 1,700년경에 쓰였으며, 고대 수학 문헌 중 가장 오래된 문헌으로 이집트 수학의 실제적인 입문서(入門書)였습니다. 고대 이집트인이 어떻게 셈을 하고 측량을 했는지를 알아내는 데 중요한 자료가 되고 있습니다.

또한, 고대 이집트의 기하학이 실생활의 필요로부터 등장하였다는 것을 잘 보여주고 있습니다. 이 책에는

• 원의 넓이 $\left(\dfrac{8}{9}d\right)^2$ 라고 계산하고 있다. (이는 현재 사용되는 πr^2에 거의 근사한 값이다.)

• 삼각형의 넓이＝(밑변)×(높이라고 생각되는 선분)÷2라고 계산하고 있다.

• 피라미드의 부피를 정확히 계산하여 기록하였다.

• 분수 계산, 분수 응용, 경지 면적, 곡식 창고의 용량 등 실생활에 필요한 수학적 문제들을 풀이해 놓고 있다.

등의 특징을 갖고 있으며, 오늘날 '문제집'의 원조격이라고 할 수 있습니다.

입체도형을 잘라보자

정육면체를 다음의 단면이 나오도록 평면으로 잘라봅시다.

(1) 삼각형

(2) 오각형

(3) 육각형

(4) 정사각형이 아닌 직사각형

(5) 정사각형이 아닌 마름모

풀 이

여기에 제시한 방법 이외의 다양한 방법이 있습니다. 여러 가지로 생각해보세요.

(1) 　　　(2) 　　　(3)

(4) 　　　(5)

조건만 있으면 도형이 뚝딱

다음과 같은 조건이 주어졌을 때 삼각형을 작도하세요.

(1) 밑변의 길이, 높이의 길이와 밑변과 이루는 삼각형 내각 한 개

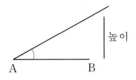

(2) 세 변의 중점 세 개

풀이

(1) ⅰ) 밑변 AB와 평행한 직선을 주어진 높이만큼 떨어진 곳에 작도합니다.

ⅱ) 주어진 각의 변과 만나는 점이 삼각형의 나머지 꼭지점 C가 됩니다.

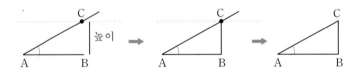

(2) ⅰ) 주어진 세 점 A, B, C를 연결하는 삼각형을 만듭니다.

ⅱ) 이 삼각형의 각 꼭지점을 지나고 마주 보는 변에 평행한 선분을 작도합니다.

ⅲ) 평행선의 교점을 이으면 삼각형이 나옵니다.

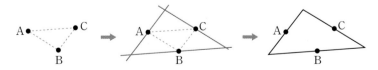

쏟아진 물의 양을 구하라

원기둥을 이등분한 모양의 물통에 물이 가득 담겨있습니다.

물통을 옆의 그림과 같이 $45°$ 기울였을 때, 쏟아진 물의 양을 구하여 봅시다.

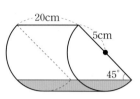

풀이

밑면의 단면을 오른쪽 그림과 같이 그려보면 어두운 부분의 넓이는

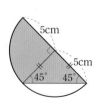

(부채꼴의 넓이) + (직각이등변삼각형의 넓이)

$$= \pi \times 5^2 \times \frac{1}{4} + \frac{1}{2} \times 5 \times 5 = \frac{25}{4}(\pi + 2)$$

따라서, (기둥의 부피) = (밑넓이) × (높이)이므로 쏟아진 물의 양은

$$\frac{25}{4}(\pi + 2) \times 20 = 125(\pi + 2)\,(\text{cm}^3)$$

1 탈레스의 기하학

탈레스(Thales, BC 624?~BC 546?)

고대 그리스에서 있었던 일입니다. 한 장사꾼이 지나가던 철학자 탈레스의 너저분한 옷차림의 거지같은 몰골을 보고 빈정거렸습니다.

"이봐! 탈레스, 모두들 당신을 두고 박학다식한 철학자라며 칭송하지만, 당신이 가진 그 많은 지식이 무슨 소용이 있단 말이오? 돈이 되오, 빵이 되오? 당신의 비참한 몰골을 보니 그 지식이 얼마나 하찮은 것인지 알 것 같소!"

이 말을 들은 탈레스가 화를 내며 다음과 같이 말했습니다.

"가난함 때문에 나의 지식을 깔보는 것을 용납할 수가 없소. 내가 직접 당신에게 한 수 가르쳐 드리리다."

그날부터 탈레스는 수학, 천문학, 농업 등에 관한 지식을 동원하여 다음해에 올리브 농사가 풍년을 이룰 것을 예측했습니다. 그리고는 곧장 그 지역에 있는 올리브 압착기계를 헐값으로 몽땅 빌려놓았습니다. 예상대로 다음해 올리브 농사는 풍년이었고, 때문에 탈레스는 사람들에게 올리브 압착기계를 비싼 값에 빌려줘서 큰돈을 벌수 있었습니다. 물론 탈레스에게 빈정거렸던 그 장사꾼도 기계를 빌리기 위해 줄을 서있었습니다. 탈레스는 장사꾼에게 말했습니다.

"이제 알겠는가? 나는 지식의 일부만 사용해서 쉽게 큰돈을 벌어들일 수 있다네. 그러나 내가 진정 얻고자 하는 건 돈 몇 푼이 아니라네. 난 세상의 진리를 구하고 있지. 지식이야말로 이 세상 어디에도 없는 엄청난 값어치를 지닌 거룩한 보석이기 때문이야!"

탈레스의 말에 장사꾼은 한마디도 대꾸할 수 없었습니다.

탈레스는 그리스의 식민지였던 밀레토스에서 태어났습니다. 젊은 시절에 상인으로 큰 재산을 모아 이집트로 유학을 가서 수학과 천문학을 배웠습니다.

탈레스는 이집트의 경험적 · 실용적 지식들을 '증명'이라는 논리적 추론을 통하여 진리임을 밝혔습니다. 그리하여 비로소 그것들을 학문이라는 모양새로 갖추었으며, 이를 기초로 하여 그리스의 기하학이 무궁한 발전을 하게 되었던 것입니다.

인생에서 가장 즐거운 것은 목표를 갖고 그것을 향해 노력하는 것이다.

- 탈레스

| 탈레스의 생각 1 | 막대기 하나로 피라미드의 높이를 알아맞힌 탈레스

탈레스가 이집트에 유학을 갔을 때였습니다. 엄청난 인원과 자원을 동원하여 거의 다 지어진 피라미드를 보면서 감탄을 하다가 문득 눈 앞의 거대한 피라미드의 높이가 궁금해졌습니다. 이리저리 궁리하던 탈레스는 나무 막대기 하나를 가져와 그 높이를 간단히 알아맞혔습니다.

ⅰ) 피라미드 바로 옆에 나란히 나무 막대기를 수직이 되도록 바닥에 세웁니다.

피라미드의 꼭대기를 S라 하고, S에서 피라미드 밑면에 내린 수선의 발을 H, 막대기의 양 끝점을 A와 B라 합니다.

ii) 피라미드와 막대기의 그림자 끝을 관찰하여 피라미드의 그림자 끝점을 T, 막대기의 그림자 끝점을 C라 합니다.

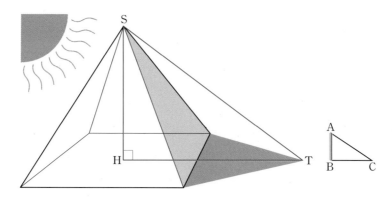

자, 이제 모든 준비는 끝났습니다. 탈레스는 피라미드의 높이 SH를 다음과 같이 구했습니다.

$$\triangle SHT \backsim \triangle ABC \text{ 이므로 } \overline{SH} : \overline{HT} = \overline{AB} : \overline{BC}$$

$$\overline{SH} \cdot \overline{BC} = \overline{HT} \cdot \overline{AB} \quad \therefore \overline{SH} = \frac{\overline{HT} \cdot \overline{AB}}{\overline{BC}}$$

탈레스는 "두 삼각형을 대응하는 변이 모두 평행하게 놓여 있으면 두 삼각형은 닮았다."라는 것을 증명하였으며, 이것을 이용하여 그 당시의 사람들은 감히 엄두도 내지 못할 피라미드의 높이를 간단하게 알아맞혔던 것입니다.

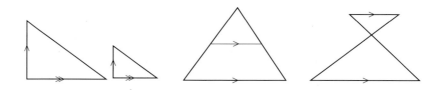

유람선의 길이를 재어보자

산책을 하던 민성이가 한강에 선박하고 있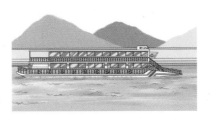
는 유람선을 무심히 바라보다 문득 유람선의
길이가 궁금해졌습니다. 자신이 서 있는 곳에
서 움직이지 않고 유람선의 길이를 알아낼 수
있는 방법이 없을까 궁리하면서 주머니를 뒤
졌는데, 길이가 다른 연필 두 자루가 나왔습니다. 연필을 바라 본 민성이는 "아하!"라
고 소리치며 다음과 같은 행동을 했습니다.

먼저 짧은 연필을 가로로 쥐고 팔을 쭉 편 다음 한쪽 눈을 감은 채 연필의 양끝을
바라보니 마침 유람선의 길이와 같았습니다. 다음에는 긴 연필을 쥐고 스무 발짝 앞
으로 가니 역시 유람선의 길이와 연필의 길이가 같아졌습니다. 연필 두 자루의 길이
는 각각 8cm, 16cm이었고, 민성이의 팔 길이는 40cm이고, 한 발자국의 보폭은
50cm입니다.

이렇게 해서 유람선이 길이를 알아낸 민성이는 흡족한 미소를 지었습니다. 과연
유람선의 길이는 얼마일까요?

풀이

A 지점은 민성이가 원래 서 있던 자리이고, B 지점은 민성이가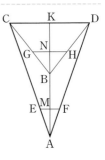
걸어간 자리 입니다. 유람선의 길이는 $\overline{CD}=x$, $\overline{AM}=\overline{BN}=40$
은 팔의 길이이며, $\overline{EF}=8$로 짧은 연필의 길이, $\overline{GH}=16$으로 긴
연필의 길이를 나타냅니다. 또 $\overline{AB}=50\times20=1000$, $\overline{NK}=y$라
합시다.

우선 $\triangle AEF \backsim \triangle ACD$에서 $\overline{EF} : \overline{CD} = \overline{AM} : \overline{AK}$

$\quad 8 : x = 40 : 1040 + y \implies 40x = 8(1040 + y)$

$\quad \therefore 5x = 1040 + y \quad \cdots ①$

또, $\triangle BGH \backsim \triangle BCD$에서 $\overline{GH} : \overline{CD} = \overline{BN} : \overline{BK}$

$\quad 16 : x = 40 : 40 + y \implies 40x = 16(40 + y)$

$\quad \therefore 5x = 2(40 + y) \quad \cdots ②$

①$-$②를 연립하면 $0 = 960 - y \quad \therefore y = 960$

①에 대입하면 $x = 400 = 4(\text{m})$

따라서, 유람선의 길이는 4m 입니다.

측정하기 곤란한 곳도 얼마든지 알아맞힐 수 있다고!

탈레스는 A지점에서 B지점까지의 거리를 측정해야 했습니다. 그런데 그 길 한가운데에 사자 한 마리가 떡 버티고 서 있는 바람에 직접 거리를 측정할 수 없었습니다. 하지만 탈레스는 A지점에서 B지점까지의 거리를 가뿐하게 알아맞혔습니다.

i) A, B 두 지점을 다 볼 수 있는 곳을 찾아 그 지점을 O라고 하였습니다.

ii) $\overline{AO}$의 연장선 위에 $\overline{AO}$와 같은 거리가 되는 곳을 A′라 하고, 또 $\overline{BO}$의 연장선 위에 $\overline{BO}$와 같은 거리를 잡아 B′라 하였습니다.

자, 탈레스는 무슨 생각으로 이런 행동을 했을까요?

　　　$\triangle OAB$와 $\triangle OA'B'$에서

　　　$\overline{OA}=\overline{OA'}$, $\overline{OB}=\overline{OB'}$

　　　$\angle AOB = \angle A'OB'(\because$ 맞꼭지각이므로$)$

$$\therefore \triangle \text{OAB} \equiv \triangle \text{OA}'\text{B}' (\because \text{SAS}합동)$$

$$\therefore \overline{\text{AB}} = \overline{\text{A}'\text{B}'}$$

탈레스는 다음과 같은 성질들도 증명하였습니다.

• 두 직선이 만날 때 그 맞꼭지각의 크기는 같다.

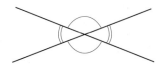

• 두 삼각형에서 대응하는 두 변의 길이와 그 끼인각이 같으면 합동이다.

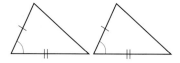

• 두 개의 삼각형에서 대응하는 한 변의 길이가 같고, 그 양끝 각의 크기가 같으면
합동이다.

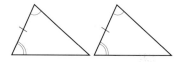

이처럼 탈레스는 삼각형의 합동 조건을 밝히고, 이를 이용하여 직접 측정할 수 없
는 길이를 위해 합동인 삼각형을 그리거나 찾아서 알아냈습니다.

호수 위에 건설할 다리의 길이

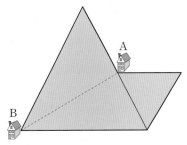

오른쪽 그림과 같이 정삼각형 두 개를 붙여 놓은 것처럼 생긴 호수 양 쪽에 A집과 B집이 살고 있습니다. 호수 중간에 다리를 놓아 두 집이 좀 더 쉽게 왕래를 할 수 있게 하려고 합니다.

그런데 다리를 설치하는 비용을 미리 알아보기 위해 호수에 놓일 다리의 길이가 알고 싶어졌습니다. 어떻게 하면 호수 위를 지나지 않고 다리의 길이를 알 수 있을까요?

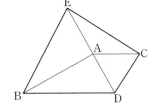

오른쪽 그림에서 $\overline{AB}$ 대신 $\overline{CE}$의 길이를 재면 됩니다.

왜냐하면 △ABD와 △CED에서

$\overline{BD}=\overline{ED}$ (∵ △BDE가 정삼각형이므로)

$\overline{AD}=\overline{CD}$ (∵ ▲ADC가 정삼각형이므로)

$\angle ADB=\angle CDE=60°$

따라서 △ABD≡△CED (∵ SAS합동이므로) ∴ $\overline{AB}=\overline{CE}$

따라서, 다리의 길이 $\overline{AB}$ 대신 땅에 있는 길이 $\overline{CE}$를 재면 됩니다.

원 속에 숨은 직각삼각형

고대 이집트 사람들은 직각을 만들기 위해 다음과 같은 방법을 사용했습니다.

ⅰ) 두 점 A, P를 지나는 원을 그립니다.

ⅱ) 점 A에서 지름을 그어 그 끝점을 B라고 합니다.

ⅲ) 점 P와 점 B를 이으면 ∠APB는 직각입니다.

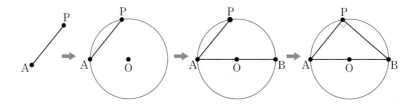

탈레스는 고대 이집트 사람이 발견한 이 사실을 증명을 통해 또 다음과 같은 정리를 발견하였습니다.

"점 O를 중심으로 하는 원 위의 지름을 AB라 할 때, 원주 위에 A, B 이외의 임의의 점 P를 잡으면 ∠APB는 직각이다."

탈레스는 이 명제를 다음과 같이 증명하였습니다.

원 위에 한 점 P를 잡고, 원의 중심 O와 연결하면,

$$\overline{\text{OA}} = \overline{\text{OP}} = \overline{\text{OB}} \; (\because \text{반지름이므로})$$

그러므로 △OAP와 △OBP는 이등변삼각형입니다.

이등변삼각형의 밑각의 크기는 같으므로

$$\angle\text{OAP} = \angle\text{OPA} = \alpha, \; \angle\text{OBP} = \angle\text{OPB} = \beta$$

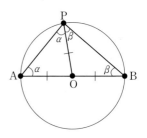

그런데 삼각형의 내각의 합은 $180°$이므로

$(\triangle ABP$의 내각의 합$)=\alpha+(\alpha+\beta)+\beta=180°$

$2(\alpha+\beta)=180°$　$\therefore \alpha+\beta=90°$

따라서, 원주 위에 임의의 점 P를 잡으면 $\angle APB$는 직각입니다.

탈레스는 자신이 이미 증명해 놓은 다음의 정리들을 사용하여 또 하나의 새로운 명제를 증명해 위의 정리를 탄생시켰던 것입니다.

• 이등변삼각형의 두 밑각의 크기는 같다.

• 삼각형의 내각의 합은 $180°$이다.

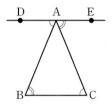

원 속 선분의 길이 구하기

$\overline{AB}=6$, $\overline{BC}=10$, $\overline{CA}=8$인 삼각형 ABC가 있습니다. 변 BC에 접하고, 점 A를 지나는 가장 작은 원을 그릴 때, 두 변 AB, AC와 만나는 점을 각각 D, E라고 합시다. 이때, $\overline{DE}$의 길이는 얼마일까요?

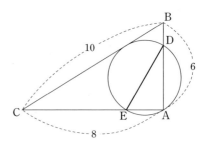

풀이

삼각형 ABC에서 $\overline{BC}^2=\overline{AB}^2+\overline{CA}^2$ 이므로 $\angle A=90°$입니다.

따라서, 선분 DE는 이 원의 지름이며 점 A에서 $\overline{BC}$에 내린 수선의 발을 F라고 하면 $\overline{DE}=\overline{AF}$입니다.

△ABC의 넓이에서

$$\frac{1}{2}\cdot\overline{AB}\cdot\overline{AC}=\frac{1}{2}\,\overline{BC}\cdot\overline{AF}$$

$$\frac{1}{2}\times6\times8=\frac{1}{2}\times10\times\overline{AF}$$

$$\therefore \overline{AF}=\overline{DE}=4.8$$

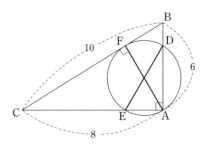

읽을거리

우리나라에도 수학이 있었을까?

7~8세기경 신라시대의 국학에서 수학을 가르칠 때 사용하던 『구장산술(九章算術)』이라는 수학 교과서가 있습니다. 그 책에 보면 다음과 같은 문제가 있습니다.

문제 밭이 하나 있는데 그 밭의 가로 길이는 15보이며 세로의 길이는 16보이다. 밭의 넓이는 얼마인가?

답 $15 \times 16 = 240$(보) (* '보' = 약 1.5m, 240보 = 1무)

문제 지금 원형의 밭이 있다. 주위의 길이는 30보. 직경이 10보라고 할 때 밭의 넓이는 얼마인가? (『구장산술』 제1장 방전)

답 75보

문제 폭이 1보 반인 밭의 넓이를 1무(240보)로 만들고 싶다. 길이는 얼마로 하면 좋을까? (『구장산술』 제4장 소광)

답 160보

우리가 어려서부터 공부해 왔던 수학은 대부분 서구의 것이라고 할 수 있습니다. 모든 개념과 기호들을 서양의 것으로만 공부해 왔기 때문에 "우리나라에도 수학이 있었을까?"라는 의심을 갖게 합니다. 그러나 농업 중심의 사회였던 우리나라에서도 토지의 넓이를 계산하기 위해 수학을 활용해 왔습니다. 수학이 있어야 그 해의 곡식 수확량을 알 수 있고, 예상되는 수확량에 따라 세금을 걷을 수 있었겠지요. 게다가 우리의 옛 건축물들을 보면 우리 민족이 얼마나 기하학을 잘 응용했는지 알 수 있습니다.

기하학은 사람이 살아가는 데 '더 풍요롭고 더 편리한 생활'을 누리기 위해 만들어진 학문이므로, 어느 민족이든 중요하게 여겼을 것입니다.

『구장산술』은 263년 위나라의 유휘가 편찬하여 현재와 같은 모습을 갖추게 됐습니다. 저자가 서문에서 주장하는 바에 따르면 이 책의 기원은 중국 상고시대 최초의 통치자로 알려진 복희씨까지 거슬러 올라간다고 합니다. 그만큼 이 책은 오랜 세월 동안 발전과 전승을 거듭한 끝에 이뤄진 산물입니다. 한대에서 당대로 이어지는 시기의 무덤을 보면 복희씨의 그림이 자주 등장합니다. ㄱ자 모양의 자와 컴퍼스를 의기양양하게 쳐들고 있는 것이 복희씨의 지배력의 원천이 수학에 관한 지식이라는 것을 보여주는 형상입니다. 『구장산술』은 동양 고대문명의 비밀을 간직하고 있는 보물 창고라고 할 수 있습니다. 특히 동양 수학이 어떻게 형성되었는지를 잘 알려주고 있는 책입니다.

복희씨와 그의 배필 여와

2 피타고라스 학파의 기하학

피타고라스(Pythagoras, BC 582?~BC 497?)

　그리스의 철학자이며 수학자이고 종교가인 피타고라스의 생애에 대해서는 그의
유명세와는 달리 잘 알려져 있지 않습니다. 다만 이오니아(Ionia)의 사모스(Samos)
섬에서 태어났을 것이라고 추측을 하고 있을 뿐입니다. 피타고라스는 탈레스의 제자
였으며, 학문의 시야를 더 넓히기 위해 여러 해 동안 이집트와 메소포타미아에서 유
학한 뒤에 고향으로 돌아왔습니다. 그때 사모스는 페르시아 인 폴리크라테스
(Polycrates)의 참주정치의 지배 아래에 있었습니다. 소크라테스는 군주의 폭정을
혐오한 나머지 남부 이탈리아에 위치한 그리스의 항구도시인 크로톤(Crotona)으로
이주하였습니다. 그곳에서 피타고라스 학교를 세우고 제자들에게 철학·수학·자연
과학을 가르쳤습니다.

　이 학교는 점차 그 세력이 커져서 피타고라스 학파를 결성하게 됩니다. 이 학파는
수업 내용을 비밀에 부치고 신비한 의식을 행하는 등 매우 단단하게 결속된 단체로
발전합니다. 피타고라스는 그의 많은 추종자들에 의해 신비한 인물로 인식되어 아폴
로 신의 아들과 동정녀 피타이스 사이에서 태어났다는 소문이 돌았을 정도였습니다.
그러나 피타고라스 학파의 정치적이고 귀족적인 성향은 반대파의 미움을 받게 됩니
다. 결국 남부 이탈리아의 민주세력에 의해 학교 건물이 파괴되고, 구성원들은 뿔뿔
이 흩어지게 되었습니다. 피타고라스도 메타폰툼(Metapontum)으로 피신을 했으나
그곳에서 살해되었을 것이라 추정하고 있습니다. 하지만 이런 고난에도 불구하고 피
타고라스 학파는 그 후로 적어도 2세기 동안이나 존속하였습니다.

그런데 피타고라스가 사망한 이후에도 이 학파에서 발견한 모든 연구결과를 피타고라스의 이름으로 발표하였기 때문에 현재 피타고라스가 발견한 것으로 알려져 있는 많은 연구 결과가 피타고라스 개인의 발견인지 그 학파의 발견인지는 명확하지 않습니다. (단, 이 책에서는 피타고라스라고 통칭하여 쓰고자 합니다.) 그러나 이 학파가 발견한 많은 이론들이 현대 수학사에서 중요한 역할을 하고 있는 것은 틀림없습니다.

피타고라스의 고향인 사모스 섬. 피타고리온 항구에는 피타고라스 동상이 우뚝 서서 이곳을 드나드는 배들을 맞이하고 있다.

| 피 타 고 라 스 의 생 각 1 | **도형으로 수를 말한다**

피타고라스는 "만물은 수이다"라고 할 만큼 자연계에서의 수의 역할을 중요시하였으며, 단순히 수를 계산하는 것이 아닌 수 자체의 성질을 연구하는데 힘썼습니다.

도형 속에서 표현되는 수의 성질을 알아내는데도 많은 노력을 하였습니다. 또한 그는 ●을 배열하여 어떤 도형을 만들고, 그 도형에 사용된 ●의 개수가 가진 규칙을 연구하였습니다. 수를 나타내는 ●의 모양이 콩을 닮았기 때문에 피타고라스 학파 사람들은 콩을 먹지 않았다는 이야기도 전해지고 있습니다. 그럼 그 수들이 가지고 있는 의미를 찾아봅시다.

●를 삼각형의 모양으로 배열하였습니다.

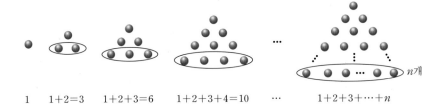

$$1 \qquad 1+2=3 \qquad 1+2+3=6 \qquad 1+2+3+4=10 \qquad \cdots \qquad 1+2+3+\cdots+n$$

여기서, n번째 삼각형에서 나온 $1+2+3+\cdots+n$의 값을 구하여 봅시다.

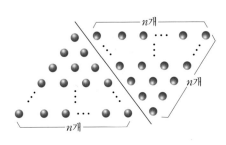

왼쪽 그림과 같이 n번째 삼각형에 또 하나의 n번째 삼각형을 거꾸로 붙입니다. 그러면 평행사변형이 되는데, 가로줄이 $n+1$개, 세로줄이 n개이므로

$$1+2+3+\cdots+n=\frac{n(n+1)}{2}$$

이 됩니다.

이번에는 ●를 사각형의 모양으로 배열하였습니다.

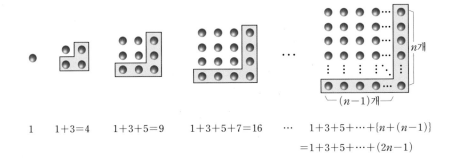

$$1 \qquad 1+3=4 \qquad 1+3+5=9 \qquad 1+3+5+7=16 \qquad \cdots \qquad 1+3+5+\cdots+\{n+(n-1)\}$$
$$=1+3+5+\cdots+(2n-1)$$

여기서, n번째 사각형에서 나온 $1+3+5+\cdots+(2n-1)$의 값을 구하여 봅시다.

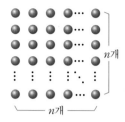 왼쪽 그림에서와 같이 n번째 사각형의 가로줄이 n개, 세로줄이 n개이므로

$$1+3+5+\cdots+(2n-1)=n^2$$

이 됩니다.

전자와 같이 삼각형의 모양으로 나열하여 나온 수 $1, 3, 6, 10, \cdots$ 를 '삼각수(三角數, triangular number)'라고 하고, 후자와 같이 사각형의 모양으로 나열하여 나온 수 $1, 4, 9, 16, \cdots$ 를 '사각수(四角繡, square number)'라고 합니다. 이와 같은 방법으로 오각수, 육각수 등을 만들었으며 이런 수들을 '형상수(形象數, figulate number)'라고 부릅니다.

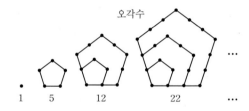

오각수

1   5   12   22   ...

삼각수와 사각수의 관계

피타고라스 학파 사람들은 삼각수와 사각수 사이에 어떤 관계가 있는지도 알아냈습니다. 우선 삼각수를 1부터 차례로 나열하고, 이웃하는 수끼리 더해보면

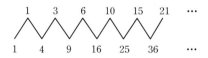

과 같이 사각수가 되었습니다. 이것을 증명해 보면 다음과 같습니다.

n번째 삼각수가 $\dfrac{n(n+1)}{2}$ 이면 $(n-1)$번째 삼각수는

$$\dfrac{(n-1)(n-1+1)}{2} = \dfrac{n(n-1)}{2}$$

이 됩니다. 두 삼각수의 합은

$$\dfrac{n(n-1)}{2} + \dfrac{n(n+1)}{2} = \dfrac{n^2 - n + n^2 + n}{2} = \dfrac{2n^2}{2} = n^2$$

으로 n번째 사각수가 나옵니다.

따라서, 이웃하는 두 삼각수를 합하면 사각수가 나옵니다.

이밖에도 자연수를 그들이 지닌 성질에 따라 분류하고 이름을 지어주었는데 홀수, 짝수, 소수, 서로 소인수, 과잉수, 완전수, 부족수, 친화수 등과 같은 것입니다.

잠깐!

삼각수와 사각수

n번째 삼각수 : $1+2+3+\cdots+n = \dfrac{n(n+1)}{2}$

n번째 사각수 : $1+3+5+\cdots+(2n-1) = n^2$

$\{(n-1)$번째 삼각수$\}+(n$번째 삼각수$)=(n$번째 사각수$)$

오각수와 육각수는 삼각수와 사각수에게 맡겨라!

　그림과 같이 콩으로 오각수와 육각수를 만들어 보았습니다. 삼각수와 사각수를 이용하면 쉽게 수를 구할 수 있습니다. 어떻게 구하면 될까요?

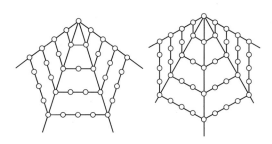

풀 이

　우선 n번째 오각수에서 ●의 부분은 삼각수의 $n-1$번째와 동일하고, ○의 부분은 사각수의 n번째와 동일하다는 것을 알 수 있습니다. 따라서 n번째 오각수는

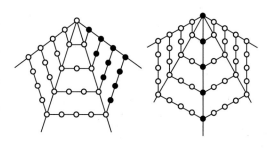

$$\frac{1}{2}(n-1)n+n^2=\frac{1}{2}(3n^2-n)$$

$$=\frac{1}{2}n(3n-1)$$

이 됩니다. 또 n번째 육각수는 ●의 부분을 두 번씩 세면 두 개의 n번째 사각수의 값과 같아지므로, n번째 육각수는 $2n^2-n=n(2n-1)$

피타고라스가 이집트에서 유학을 하고 있을 때였습니다. 우연히 어느 사원을 구경하게 된 그는 사원의 웅장함과 아름다움에 정신을 빼았겼습니다. 한참을 구경하다가 사원 마루에 앉아서 잠시 쉬고 있을 때 대리석 바닥에 새겨진 아름다운 무늬를 무심코 쳐다보게 되었습니다. 그 때, 피타고라스는 이 무늬에서 도형 사이에 놀라운 관계가 있다는 것을 알아내고 뛸 듯이 기뻐하였습니다. 도대체 그는 이 무늬에서 무엇을 발견하였던 것일까요?

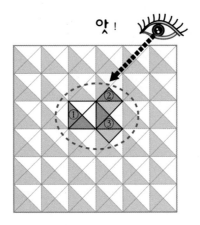

사원 바닥의 그림을 잘 살펴보면 직각삼각형 위에 각 변의 길이를 한 변으로 하는 정사각형이 그려져 있습니다.

①번 정사각형의 넓이 $= 4 \times$ ◿

②번 정사각형의 넓이 $=$ ③번 정사각형의 넓이

$= 2 \times$ ◿

$\therefore$ ②$+$③$=$①

즉, "직각삼각형의 세 변 위에 각 변을 한 변으로 하는 정사각형을 그리면, 빗변 위에 그려진 정사각형의 넓이는 나머지 두 변 위에 그려진 정사각형의 넓이의 합과 같다."

라는 사실을 발견했던 것입니다. 이 정리를 발견한 피타고라스는 너무 기뻐서 그 공을 신에게 돌리고 황소 100마리를 잡아 감사의 제물로 바쳤다고 합니다.

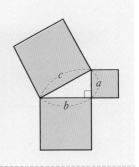

잠깐!

피타고라스의 정리

직각삼각형의 직각을 낀 두 외각변을 한 변으로 하는 정사각형의 넓이의 합은 빗변을 한 변으로 하는 정사각형의 넓이와 같다. 즉, $a^2 + b^2 = c^2$

(※ 요즘은 변의 길이를 사용하여 "직각삼각형의 빗변의 길이의 제곱은 나머지 두 변의 제곱의 합과 같다"와 같이 표현하지만, 그 당시는 넓이로 정의를 내렸다.)

그의 이름을 따서 '피타고라스의 정리'라고 부르는 이 정리는 무척 간단해 보이지만 현재 알려진 피타고라스의 수학적 업적 중 가장 유명하고 중요한 정리입니다. 그래서 후대의 많은 수학자들이 이 정리에 대한 증명에 도전을 했으며 지금까지도 진행되고 있습니다. 20세기 초까지 밝혀진 증명만 360여 가지나 된다고 합니다.

하지만 피타고라스 정리의 발견이라는 기쁨 뒤에는 안타까운 이야기가 전해지고 있습니다. 그 당시 피타고라스 학파는 우주의 근본을 이루는 수는 정수와 그 정수의 비(유리수)로 나타낸 수이며, 이들로 모든 것을 나타낼 수 있다고 믿었습니다. 1은 모든 수의 신성한 창조자이고, 2는 첫 번째 짝수로서 여성(음, 陰)을 상징하며 다양한 의미와 연관되어 사용되었습니다. 3은 남성(양, 陽)을 상징하는 첫 번째 수로 1과 2의 조합으로 이루어진 조화의 수로 받아들여졌습니다. 4는 정의를 상징하였으며, 5는 2와

3의 합이므로 혼인을 상징하였습니다. 이와 같이 숫자에 평화, 완전, 풍부, 자기연민 등의 의미를 부여하고 수를 신성하게 생각했습니다. 특히 정수와 그 정수의 비(유리수)로 이루어진 세상은 절대불멸의 진리라 믿고, 정수 이외의 수는 결코 없을 것이라는 굳은 신념을 가지고 있었습니다. 그런 그들에게 피타고라스의 정리가 "정수 이외의 다른 수가 존재할지 모른다"라는 믿기 어려운 사실을 알려주었습니다.

피타고라스는 "한 변의 길이가 1인 정사각형의 대각선의 길이는 얼마일까?"라는 생각을 해보았습니다.

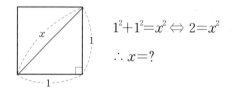

$$1^2+1^2=x^2 \Leftrightarrow 2=x^2$$
$$\therefore x=?$$

"이 식을 만족하는 x의 값은 무엇일까?" 이 값을 유리수에서 찾으려고 노력했으나 소용없었습니다. 그래도 아직 찾지 못한 어떤 정수의 비가 존재할 거라는 믿음을 버리지 못하고 이 사실을 비밀에 붙이기로 했습니다. 그러던 중 기원전 5세기경 피타고라스 학파의 한 사람인 히파수스가 "x의 값은 실제 눈에 보이는 길이이나 이를 표현할 수 있는 어떤 수도 존재하지 않으므로, 우리가 알고 있는 수 이외의 또 다른 수(무리수)가 반드시 존재한다"고 주장했습니다. 그들은 커다란 혼란에 빠졌고, 분노를 감추지 못했습니다. 결국 히파수스는 그들에 의해 바다에 던져져 죽음을 당하게 되었다고 전해집니다. 또 다른 기록에서는 그가 집단에서 추방당했으며, 죽은 것으로 가장하기 위해 가짜 무덤과 비석을 만들었다고 주장합니다. 결국 히파수스의 죽음은 지나친 신념이나 이데올로기 때문에 새로운 지식을 무조건 배타하고 무시하는 인간의 어리석은 행위 때문에 일어난 일이라고 할 수 있습니다.

우리 주변에서 흔히 볼 수 있는 주사위를 한번 살펴

볼까요?

면의 개수	면의 모양	한 꼭지점에 모인 면의 개수	한 꼭지점에 모인 각도의 합
6개	정사각형	3개	$90° \times 3 = 270°$

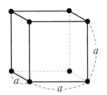

주사위는 6개의 정사각형으로 둘러싸였으며, 한 꼭지점에 모인 면의 개수가 3개로 일정합니다. 또 한 꼭지점에 모인 각의 합이 270°로 볼록한 모양을 가지고 있습니다. 이런 도형을 '정다면체'라고 하고, 주사위는 면이 6개이므로 '정육면체'라고 합니다.

정다면체에는 어떤 것이 있는지 알아보기 전에, 정다면체가 되기 위한 조건부터 알아보도록 합니다.

ⅰ) 정다면체는 모든 모서리의 길이가 같아야 하므로 모든 면이 합동인 정다각형이어야 합니다.

ⅱ) 한 꼭지점에 모인 면의 개수가 2개이면 아래 그림과 같이 평면이 되므로, 3개 이상이어야 합니다.

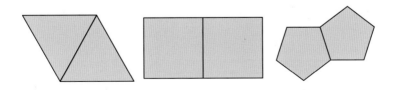

ⅲ) 한 꼭지점에 모인 각도의 크기가 360°이면 평평한 면이 되고, 360°보다 크면 안

으로 들어가 오목한 모양이 됩니다. 따라서 볼록한 모양이 되려면 한 꼭지점에 모인 각도의 크기가 360°보다 작아야 합니다.

잠깐!

정다면체의 조건

• 합동인 정다각형의 면으로 둘러싸여 있다.

• 한 꼭지점에 모인 면의 개수가 3개 이상이며 그 개수는 일정하다.

• 한 꼭지점에 모인 각의 합이 360°보다 작아야 한다.

고대 이집트 사람들은 일찍이 정다면체에 정사면체, 정육면체, 정팔면체 3개의 존재를 알고 있었습니다. 피타고라스는 '그럼 이 세 가지 이외의 정다면체는 정말 없을까?' 라는 의문을 가지고 연구한 결과, 새롭게 정십이면체와 정이십면체를 발견하게 되었으며, 정다면체는 이들 다섯 종류뿐이라는 사실도 증명하였습니다.

왜 이 다섯 종류 이외에는 정다면체가 없는 것일까요?

ⅰ) 면이 정삼각형일 때 (정삼각형의 한 내각의 크기＝60°)

ⓐ 한 꼭지점에 모이는 면이 3개면 60°×3＝180°(＜360°)

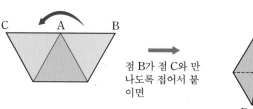

점 B가 점 C와 만나도록 접어서 붙이면

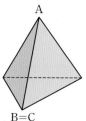

이렇게 만들어진 정다면체가 정사면체입니다.

ⓑ 한 꼭지점에 모이는 면이 4개면 60°×4＝240°(＜360°)

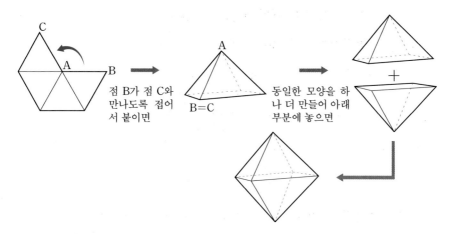

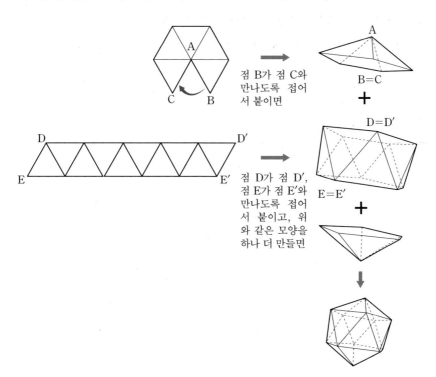

이렇게 만들어진 정다면체가 정팔면체입니다.

ⓒ 한 꼭지점에 모이는 면이 5개면 $60° × 5 = 300° (< 360°)$

점 B가 점 C와
만나도록 접어
서 붙이면

점 D가 점 D′,
점 E가 점 E′와
만나도록 접어
서 붙이고, 위
와 같은 모양을
하나 더 만들면

이렇게 만들어진 정다면체가 정이십면체입니다.

ⓓ 한 꼭지점에 모이는 면이 6개면 $60° × 6 = 360° (= 360°)$

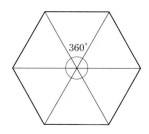

$360°$면 평평한 평면도형이 되고 7개, 8개, …에서는 $360°$보다 커지므로 볼록한 입체도형이 더 이상 만들어지지 않습니다. 따라서, 한 면이 정삼각형인 정다면체는 정사면체, 정팔면체, 정이십면체의 세 가지 뿐입니다.

ⅱ) 한 면이 정사각형일 때 (정사각형의 한 내각의 크기 $= 90°$)

ⓐ 한 꼭지점에 모이는 면이 세 개면 $90° × 3 = 270° (< 360°)$

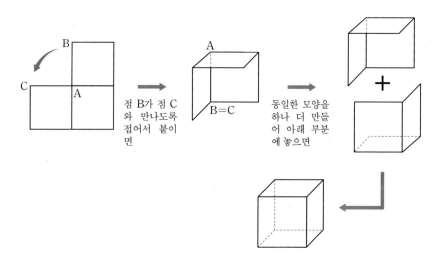

점 B가 점 C와 만나도록 접어서 붙이면

동일한 모양을 하나 더 만들어 아래 부분에 놓으면

이렇게 만들어진 정다면체가 정육면체입니다.

ⓑ 한 꼭지점에 모이는 면이 네 개면 $90° × 4 = 360°$

360°이면 평평한 평면도형이 되고 5개, 6개, …에서는 360°보다 커지므로 더 이상 만들어지지 않습니다. 따라서 한 면이 정사각형인 정다면체는 정육면체 한 가지 뿐입니다.

iii) 한 면이 정오각형일 때 (정오각형의 한 내각의 크기 $=108°$)

    ⓐ 한 꼭지점에 모이는 면이 세 개면 $108° \times 3 = 324° (< 360°)$

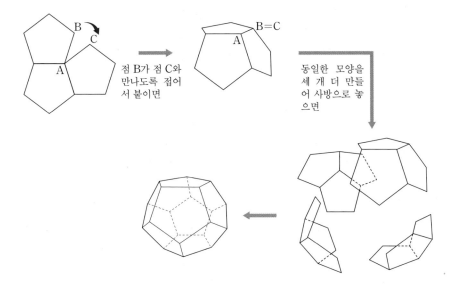

점 B가 점 C와 만나도록 접어서 붙이면

동일한 모양을 세 개 더 만들어 사방으로 놓으면

    이렇게 만들어진 정다면체가 정십이면체입니다.

    ⓑ 한 꼭지점에 모이는 면이 네 개면 $108° \times 4 = 432° (> 360°)$

    360°를 넘으므로 오목한 입체도형이 만들어지므로 불가능하고 5개, 6개, …

에서도 마찬가지가 됩니다. 따라서 한 면이 정오각형인 다면체는 정십이면체 한 가지뿐입니다.

iv) 한 면이 정육각형일 때 (정육각형의 한 내각의 크기＝120°)

한 꼭지점에 모이는 면이 3개면 120°×3＝360°

360°이면 평평한 평면도형이 되고 4개, 5개, … 모이면 360°보다 커지므로 더 이상 만들 수 없게 됩니다. 또한, 한 면이 정칠각형 이상일 때는 한 꼭지점에 3개 이상이 모이면 360°보다 커지므로 더 이상 만들 수 없게 됩니다.

따라서, 정다면체는 정사면체, 정육면체, 정팔면체, 정십이면체, 정이십면체의 다섯 가지만 존재하게 됩니다.

정다면체	정사면체	정육면체	정팔면체	정십이면체	정이십면체
겨냥도					
면의 모양	정삼각형	정사각형	정삼각형	정오각형	정삼각형
한 꼭지점에 모인 면의 수	3	3	4	3	5
꼭지점의 수	4	8	6	20	12
모서리의 수	6	12	12	30	30
면의 수	4	6	8	12	20

훗날 플라톤은 정다면체가 5개밖에 없다는 사실에 놀라워하며 '이 세상은 네 가지 원소 즉 물, 불, 흙, 공기로 이루어졌는데, 이 원소들은 작은 입체 도형으로 이루어져 있다'라고 생각하고, 기원전 350년경에 쓴 그의 저서 『티마이오스(Timaeus)』에서 이 네 가지 원소는 반드시 정다면체 꼴이어야 한다고 주장했습니다.

50

가장 가볍고 날카로운 원소인 불은 정사면체, 가장 안정된 원소인 흙은 정육면체, 활동적이고 유동적인 원소인 물은 가장 쉽게 구를 수 있는 정이십면체라고 생각했다. 또한 정팔면체는 엄지손가락과 집게손가락으로 마주보는 꼭지점을 가볍게 잡고 입으로 불면 쉽게 돌릴 수 있으므로 공기의 불안정성을 나타낸다고 했습니다. 마지막 남은 정십이면체는 우주 전체의 형태를 나타낸다고 주장했습니다. 플라톤의 이런 주장 때문에 정다면체는 '플라톤의 입체도형' 이라는 별명을 갖게 됐습니다.

현대 과학으로 플라톤의 이론이 잘못 되었다는 것은 밝혀졌지만, 그전까지 서구 세계에서는 갈릴레오가 "우주를 이해하기 위해서는 우주를 쓴 언어를 알아야 한다. 그 언어는 바로 수학이다"라고 말할 정도로 이 이론이 진지하게 받아들여졌다고 합니다.

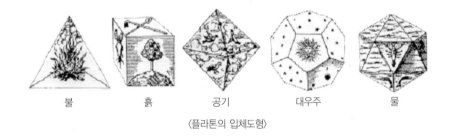

| 불 | 흙 | 공기 | 대우주 | 물 |

〈플라톤의 입체도형〉

오각형으로 평면을 매울 수 있을까?

합동인 오각형으로 평면을 덮을 수 있을까요?(단, 반드시 정오각형일 필요는 없습니다.)

풀이

가능합니다. 그림과 같이 정육각형 3개가 모이면 평면을 이루기 때문에 정육각형으로 평면을 매운 후 가운데를 자르면 오각형이 나옵니다.

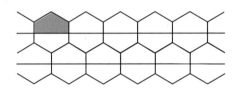

잠깐!

정다각형의 한 내각의 크기

삼각형 내각의 합$=180°$

사각형 내각의 합$=$(사각형 안의 삼각형의 수)$\times 180°$

$\qquad\qquad =2\times 180°=(4-2)\times 180°=360°$

오각형 내각의 합$=$(오각형 안의 삼각형의 수)$\times 180°$

$\qquad\qquad =3\times 180°=(5-2)\times 180°=540°$

육각형 내각의 합$=$(육각형 안의 삼각형의 수)$\times 180°$

$\qquad\qquad =4\times 180°=(6-2)\times 180°=720°$

$\qquad \vdots$

$\therefore \ n$다각형의 내각의 합$=(n-2)\times 180°$

정다각형의 내각의 크기는 모두 같으므로 정n각형 한 내각의 크기$=\dfrac{180°(n-2)}{n}$

우리 주변에서 볼 수 있는 정다면체

① **테트라포트(TTP, 삼발이)** : 파도의 힘을 소멸시키거나 감소시키기 위해 방파제에서 사용하는 것으로, 작은 것은 5톤에서부터 큰 것은 100톤 이상이 되는 것까지 있습니다. 네 개의 뿔 모양을 한 콘크리트 구조물입니다. 정사면체 형태의 구조물을 선택한 이유는 동일한 다면체를 사용하여 공간을 빈 틈없이 쌓을 수 있는 다면체이기 때문입니다. 정사면체는 무게중심이 가장 아래에 있기 때문에 안정성이 가장 큽니다.

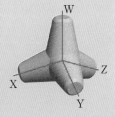

② **소금** : 소금은 나트륨과 염소가 일대일로 만나서 소금분자가 됩니다. 원자들이 서로 만나서 3차원 공간을 만드는데 필요한 것은 세 방향으로 떨어져 있는 길이와 각 방향이 이루는 각도입니다. 소금의 경우 세 방향의 길이가 모두 같고 세 각도가 모두 90°여서 정육면체를 이룹니다.

소금의 결정체와 입체적 구조

③ **아데노바이러스(Adenovirus)** : 여름철 유행성 결막염을 일으키는 바이러스로, 1953년 W.P.로와 휴브너가 발견했습니다. 호흡기나 눈의 점막, 또는 그 부근의 림프절에 침입하여 질병을 일으킵니다. 아데노바이러스는 너무 작아서 전자현미경으로 관찰이 가능한데, 정이십면체의 구조를 띠고 있습니다. 이것을 캡시드라고 하며 252개의 구조 단위인 캡소미어가 정삼각형으로 늘어서서 정이십면체를 구성한 것입니다. 거의 모든 바이러스의 기본구조는 원에 가장 가까운 정이십면체로 이루어져 있으며, 이것은 둥글수록 충격에 강해집니다.

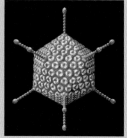

아데노바이러스

정다면체의 성질

■ 순환하는 정다면체

정다면체는 서로서로 끝없이 순환하는 성질이 있습니다. 다섯 종류의 정다면체 안에는 각각 또 다른 정다면체가 들어 있습니다. 이것을 '정다면체의 순환'이라고 합니다. 이렇게 정다면체는 모양은 다르지만 서로를 품어주는 따뜻한 입체도형인 셈이죠.

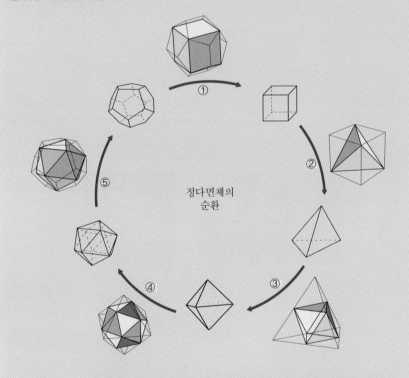

정다면체	정십이면체	정육면체	정사면체	정팔면체	정이십면체
꼭지점의 수	20	8	4	6	12
모서리의 수	30	12	6	12	30
면의 수	12	6	4	8	20

① 정십이면체의 면의 수 = 정육면체의 모서리 수

∴ 정십이면체의 면에 선을 그리면 정육면체가 됩니다.

② 정육면체의 면의 수＝정사면체의 모서리의 수

  ∴ 정육면체의 각 면의 대각선을 이어주면 정사면체가 됩니다.

③ 정사면체의 모서리의 수＝정팔면체의 꼭지점의 수

  ∴ 정사면체의 각 변의 중점을 이어주면 정팔면체가 됩니다.

④ 정팔면체의 모서리의 수＝정이십면체의 꼭지점의 수

  ∴ 정팔면체의 각 모서리를 황금분할 하여 이웃한 세 점을 지나는 평면을 잘라주면 정이십면체가 됩니다.

⑤ 정이십면체의 면의 수＝정십이면체의 꼭지점의 수

  ∴ 정이십면체의 각 면의 무게 중심과 꼭지점을 이으면 정십이면체가 됩니다.

■ 정다면체의 쌍대

  다면체의 각 면의 무게중심을 이어서 새로운 다면체를 만듭니다. 이렇게 면과 꼭지점을 서로 바꿔 넣은 다면체를 '쌍대 다면체(dual-polyhedron)' 라고 부릅니다.

① 정십이면체 ↔ 정이십면체

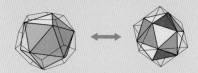

② 정육면체 ↔ 정팔면체

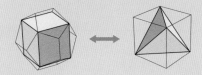

③ 정사면체 ↔ 정사면체

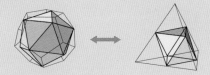

다음 십자가 중 가장 아름답게 느껴지는 십자가는 어느 것인가요? 거의 모든 사람들은 십자가 C를 선택한다고 합니다.

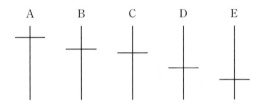

또, 사람들에게 아래 그림처럼 여러 가지 모양의 사각형 제시하고 그 중에서 그들의 눈에 가장 안정적으로 느껴지거나 또는 눈에 제일 먼저 들어오는 사각형을 고르라고 한다면, 문화권·인종·성별·연령에 관계없이 대부분의 사람들은 직사각형 E를 골랐다는 실험 결과가 있습니다.

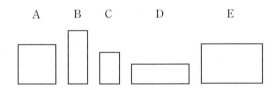

여기서 C 십자가와 E 직사각형의 공통점이 무엇일까요?

C 십자가는 가로선에 의해 아래 : 위 = 1.618 : 1 의 비를 가집니다. 또 E 직사각형은 가로 : 세로 = 1.618 : 1 의 비로 나누어져 있습니다.

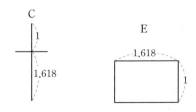

56

'1:1.618'의 비는 사람들이 가장 편안하고 아름답게 느끼는 '황금비(golden ratio)'이며, 선분을 이 비율로 나누는 것을 '황금분할 한다'고 합니다.

1:1.618을 간단한 자연수의 비로 나타내면,

$$1 : 1.618 = 1000 : 1618$$

$$= 1000 \div 200 : 1618 \div 200 \fallingdotseq 5 : 8$$

이 되는데, 황금비를 약 5 : 8이라고 간단하게 사용하고 있습니다.

이 황금비는 자연의 창조물 속에서 쉽게 발견할 수 있습니다. 예를 들어 계란의 가로와 세로의 비가 대체로 황금비로 이루어져 있으며, 소라껍질이나 조개껍질의 각 줄 간의 비율에서도 황금비가 발견됩니다.

 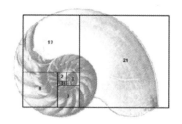

가로와 세로의 비가 황금비를 이루는 달걀과 줄 간격의 비율이 황금비를 이루는 소라껍질

또 황금비를 우리의 인체에도 적용하여,

• 배꼽을 기준으로 사람의 몸 전체를 황금분할하고

• 어깨를 기준으로 배꼽 위의 상반신을 황금분할하고

• 무릎을 기준으로 배꼽 아래 하반신을 황금분할하고

• 코를 기준으로 어깨 위 얼굴 부분을 황금분할 할 때

가장 조화롭고 아름다운 인체라고 합니다.

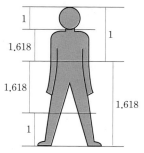

황금비를 가지는 가장 이상적인 인체

이 황금비는 예술품 속에서도 많이 사용됩니다. 지금까지 남아 있는 유물 중 황금비를 적용한 가장 오래된 작품은 기원전 4,700여 년 전에 건설된 피라미드입니다. 정사각뿔모양인 피라미드의 겨냥도에서처럼 변 CE를 1로 보았을 때 변 AC의 길이를 구하면 1.618로 황금비를 나타냅니다.

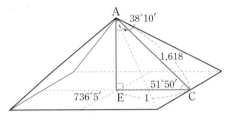

황금비를 최초로 사용하여 건축된 피라미드

이 밖에도 파르테논 신전, 석굴암, 레오나르도 다빈치의 모나리자와 최후의 만찬, 밀로의 비너스 등 무수히 많은 걸작 속에서 황금비를 발견할 수 있습니다. 황금비는 4,000~5,000년 전부터 동서양을 불문하고 이집트, 그리스, 로마로 이어졌고, 르네상스에서부터 현대의 네덜란드 화가 몬드리안의 화면분할에 이르기까지 예술의 보배로 계승되어 왔습니다.

최후의 만찬

석굴암

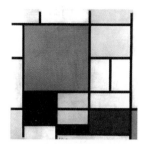

밀러의 비너스 　　　　　몬드리안의 화면 분할

　　황금비를 일컬어 고대 희랍 철학자 플라톤은 '이 세상 삼라만상을 지배하는 힘의
비밀을 푸는 열쇠'라고 했으며, 시인 단테는 '신이 만든 예술품'이라고 했고, 16세
기 천체 물리학의 거성 케플러는 '성스러운 분할(Divine Section)'이라며 찬사를 아
끼지 않았습니다.

　　피타고라스 역시 인류가 발견한 가장 아름다운 비인 황금비에 관심을 가졌습니다.
그는 황금비의 값을 알기 위해 막대기를 이리저리 나누면서 여러 가지 실험을 하였
습니다. 그러던 어느 날 '전체 길이 : 긴 길이＝긴 길이 : 짧은 길이'를 만족하는 점
으로 선분을 나누었을 때 황금비가 나온다는 것을 발견하게 되었고, 피타고라스의
정리를 이용해 황금비의 근사값을 알아냈습니다. 또한 '정오각형'에서 이 비율을 찾
아냈습니다.

　　피타고라스가 막대를 이용해 어떻게 황금비를 찾았는지 살펴봅시다.

　　선분 AB를 '전체 길이 : 긴 길이＝긴 길이 : 짧은 길이'를 만족하도록 나누는 점
P를 찾아 $\overline{AP}$와 $\overline{BP}$의 길이의 비를 구합니다.

점 P는 $\overline{AB}:\overline{AP}=\overline{AP}:\overline{BP}$를 만족하는 점입니다.

선분 $\overline{AP}$의 길이를 x라 하고, $\overline{BP}$의 길이를 a라 하면

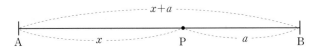

$$x+a:x=x:a \Leftrightarrow x^2=a(x+a) \Leftrightarrow x^2-ax-a^2=0$$

$$\therefore x=\frac{a\pm\sqrt{a^2+4a^2}}{2}=\frac{a\pm\sqrt{5}a}{2}=\frac{1\pm\sqrt{5}}{2}a$$

이때 a, x는 모두 양수이므로 x는 $\dfrac{1+\sqrt{5}}{2}a$가 됩니다.

따라서, $\overline{AP}:\overline{BP}=\dfrac{1+\sqrt{5}}{2}a:a=\dfrac{1+\sqrt{5}}{2}:1$

여기서 $\sqrt{5}\fallingdotseq2.236$이므로 $\dfrac{1+\sqrt{5}}{2}\fallingdotseq1.618$ $\therefore$ $\overline{AP}:\overline{BP}=1.618:1$

잠깐!

$\sqrt{5}$의 근사값은?

빗변을 제외한 나머지 두 변의 길이가 각각 1, 2인 직각삼각형의 빗변의 길이를 x라 하면,

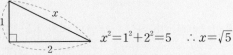 $x^2=1^2+2^2=5$ $\therefore x=\sqrt{5}$

그 당시 피타고라스는 직접 이 직각삼각형을 작도하여 빗변의 길이를 측정하여 $\sqrt{5}$의 근사값을 구하였을 것이다.

이와 같은 방법으로 피타고라스는 황금분할의 작도법을 발견했고, 그 값이 약 1:1.618이 됨을 증명하였습니다.

잠깐!

황금분할의 작도법

주어진 선분을 '전체 길이 : 긴 길이 = 긴 길이 : 짧은 길이'를 만족하도록 나눈다.

정오각형에 숨어 있는 황금비를 찾아라

피타고라스가 정오각형에서 황금비율을 찾았다고 합니다. 우리도 한번 직접 찾아 봅시다.

오른쪽과 같이 한 변의 길이가 1인 정오각형 ABCDE이 있습니다. 두 대각선 AC와 AD를 두 변으로 하는 삼각형 ACD에서 ∠D를 이등분하여 변 AC와 만나는 점을 F라 할 때, 변 AC의 길이를 구하여 봅시다.

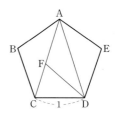

우선 정오각형 ABCDE에서 △ABC와 △AED는

$\overline{AB}=\overline{AE}$, $\overline{BC}=\overline{ED}$, ∠ABC＝∠AED

(∵ 정오각형이므로)

이므로 △ABC≡△AED (∵ SAS 합동이므로)

또, 정오각형 한 내각의 크기는 $\dfrac{180(5-2)}{5}=108°$ 입니다.

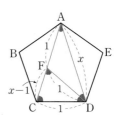

따라서, 이등변삼각형 ABC에서 ∠BAC＝$\dfrac{180-108}{2}=36°$

∴ ∠CAD＝∠BAE－2×∠BAC＝108－2×36＝36°

따라서, △ACD는 $\overline{AC}=\overline{AD}=x$이고, 꼭지각 ∠A＝36°인 이등변삼각형입니다.···①

∴ △ACD의 두 밑각 ∠C＝∠D＝72°

또, △DFC에서 ∠D＝$\dfrac{1}{2}$∠ADC＝$\dfrac{72}{2}=36°$이고, ∠C＝72°이므로

∠F＝180－(36＋72)＝72°

즉, △DFC는 $\overline{DC}=\overline{DF}$이고 꼭지각 ∠D＝36°인 이등변삼각형입니다.   ···②

또, △AFD에서 ∠A=∠D=36°이므로 $\overline{FA}=\overline{FD}$인 이등변삼각형입니다.　　…③

②, ③에 의하여 $\overline{FA}=\overline{FD}=\overline{CD}=1$이고, $\overline{AC}=x$이므로, $\overline{FC}=x-1$

따라서 ①, ②에 의하여 △ACD∽△DFC (∵AA 닮음이므로)에서

$$\overline{CD}:\overline{FC}=\overline{DA}:\overline{CD}　　∴　1:x-1=x:1$$

$$∴　x^2-x=1 \Leftrightarrow x^2-x-1=0　　∴　x=\frac{1\pm\sqrt{5}}{2}$$

$x>0$ 이므로 $x=\dfrac{1+\sqrt{5}}{2}≒1:1.618$

정오각형의 황금비

한 변의 길이 : 대각선의 길이=1:1.618

세상에서 가장 아름다운 황금비를 오각형에서 발견한 피타고라스 학파 사람들은 정오각형의 작도법을 발견했습니다. 이에 피타고라스 학파는 황금비가 있는 오각형 속에 별 모양을 그려 상징으로 삼았으며 이것을 휘장으로 만들어 달고 다녔다고 합니다.

정오각형 모양의 휘장

또한 피타고라스는 자화상의 오른손에 피라미드(황금분할이 적용된 극명한 예)를 그려 넣고 '우주의 비밀(The Secret of the Universe)' 이라는 문장을 새겨 넣었다고 합니다. 이 두 가지 사실로부터 피타고라스는 황금비의 발견을 자신의 가장 큰 업적으로 생각하고 자부심을 느꼈다는 것을 알 수 있습니다.

기하학에는 두 가지 보물이 있다. 하나는 피타고라스의 정리이고 또 하나는 황금비이다.

첫 번째는 금에 비유할 수 있고, 두 번째는 보석에 비유될 수 있다.

- 천문학자 케플러

빛나는 정오각형의 휘장

옆의 그림은 피타고라스 학파가 자랑스럽게 가슴에 달고 다
녔다는 정오각형 모양의 휘장입니다. 다음 물음에 답하세요.

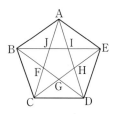

(1) 삼각형 ABJ의 넓이와 오각형 FGHIJ의 넓이 중 어느 쪽
이 더 큰가요?

(2) 별모양 AJBFCGDHEI의 넓이와 정오각형 ABCDE로부터 별 모양을 뺀 부
분의 넓이는 어느 쪽이 더 큰가요?

정오각형에 들어있는 삼각형 ACD는 꼭지각의 크기가 $36°$인
이등변삼각형임은 앞에서 증명하였으니 생략합니다.

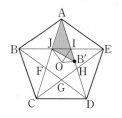

(1) △ABF에서 $\angle BAF=36°$, $\angle ABF=72°$이므로 이등변삼각
형이므로 $\overline{AB}=\overline{AF}$, 이와 같은 방법으로 $\overline{AE}=\overline{AH}$
그런데 $\overline{AB}=\overline{AE}$이므로 $\overline{AF}=\overline{AH}$이고 또, $\angle FAH=36°$
이므로 △AFH도 이등변삼각형이고 △ABF와 합동입니다.
또, △BFJ≡△AJI입니다.
따라서, △ABJ=△ABF−△BFJ=△AFH−△AIJ=□FHIJ < 오각형 FGHIJ

(2) 정오각형의 외접원의 중심을 O라고 하면,
(별모양 AJBFCGDHEI의 넓이)$=5×$□AJOI
(정오각형 ABCDE로부터 별모양을 뺀 부분의 넓이)$=5×$△ABJ
이므로 □AJOI와 △ABJ의 넓이를 비교하면 됩니다.
점 O를 지나고 $\overline{IJ}$에 평행인 직선과 변 IH와의 교점을 B′하고 하면 △OIJ=△B′IJ이므
로 □AJOI=△AB′J
그런데, $\angle BAJ=\angle JAB′=36°$, $\overline{AB}=\overline{AH}>\overline{AB′}$에 의하여 △ABJ>△AB′J
따라서, 정오각형 ABCDE로부터 별 모양을 뺀 부분의 넓이가 더 큽니다.

평면을 덮는 도형

학교 앞 인도에 보도블록을 새로 깔려고 합니다. 인도의 가장자리는 블록을 잘라서 사용할 수 있지만 그 외의 부분은 보도블록을 자르지 않고 틈새가 없도록 맞춰 넣어야 합니다. 그런데 보도블록 설치자는 보도블록 제작자로부터 기계의 오류로 인해 정사각형으로 제작되어야 할 보도블록들이 다른 사각형으로 제작되었다는 연락을 받았습니다. 제작된 블록들은 모두 크기와 모양이 동일하다고 합니다. 보도블록 설치자는 한정된 예산과 일정을 고려해서 이미 제작된 블록을 그대로 가져오라고 해야 할지, 아니면 원래 주문대로 정사각형을 다시 만들어 달라고 요구를 해야 할지 결정해야 합니다. 예를 들어 제작된 보도블록이 직사각형 모양이라면 보도블록 설치자는 새로 보도블록을 주문할 필요 없이 이미 만들어진 직사각형 보도블록을 이용해서 보도를 채울 수 있습니다.

잘못 제작된 보도블록이 어떤 모양의 사각형일 때 그대로 사용할 수 있는지, 그리고 어떤 모양의 사각형일 때 새로 제작해야 하는지를 결정하고 그 이유를 설명하시오.

그리고 보도블록이 사각형이 아닌 다른 다각형일 경우, 보도블록으로 사용할 수 있는 경우와 사용할 수 없는 경우의 예를 하나씩 들고 그 이유를 설명하세요. (단, 보도블록은 위아래가 구분되어 있어 뒤집어서 깔 수는 없습니다.)

[2006학년도 고려대학교 수시 2학기 인문계 수리논술]

주어진 문제는 평면을 빈틈없이 메울 수 있는 다각형을 구하는 문제로 바꾸어 생각할 수 있습니다. 윗면과 아랫면의 구분이 있을 경우 평행이동과 회전이동만 써서 다각형을 맞붙여야 합니다.

사각형 블록

ⅰ) **대변끼리 맞물릴 경우** : 평행이동만 이용하든 180°회전을 이용하든 한 쌍의 대변만 평행하면 됩니다. 두 평행선과 한 직선이 만나 생긴 동측내각의 합은 180°이므로 평면을 빈틈없이 메울 수 있습니다.

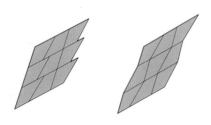

ⅱ) **이웃한 두 변끼리 맞물릴 경우** : 꼭지각이 모두 직각이어야 하므로 직사각형일 때만 이웃한 두 변끼리 맞물릴 수 있습니다. 이상에서 사각형의 경우 한 쌍의 대변이 평행하면 평면을 빈틈없이 메울 수 있습니다. 따라서 보도블록의 한 쌍의 대변이 평행하면 그대로 쓸 수 있고, 그렇지 않으면 새로 제작하여야 합니다.

사각형이 아닌 블록

ⅰ) **보도블록으로 사용할 수 있는 경우** : 정n각형의 한 내각이 360°의 약수가 되면 이러한 정n각형은 평면을 빈틈없이 메울 수 있습니다.

$n-2$	1	2	4
$m-2$	4	2	1

곧, $\dfrac{180°(n-2)}{n} \times m = 360°(m$은 자연수$)$라 하면

$$mn - 2m - 2n = 0 \Leftrightarrow m(n-2) - 2(n-2) = 4 \Leftrightarrow (m-2)(n-2) = 4$$

이므로 $n-2 = 1, 2, 4$이고 $n = 3, 4, 6$이다. 따라서, 정육각형 모양의 보도블록으로 사용할 수 있습니다.

ii) **보도블록으로 사용할 수 없는 경우** : 원에 아주 가까운 정360각형의 경우 한 내각의 크기는 $\dfrac{180°(360-2)}{360} = 179°$입니다. 두 개의 정360각형을 맞붙일 경우 접하는 두 변의 사이의 각은 $1°$ 또는 $2°$이므로 정360각형으로 이 각을 빈틈없이 메울 수 없습니다.

따라서 정360각형 모양의 블록은 보도블록으로 사용할 수 없습니다.

수학적 조화가 빛난 아테네올림픽 개막식

지난 2004년 8월 14일 그리스 아테네에서 열린 제28회 아테네올림픽 개막식은 그리스 문화를 마음껏 보여주기 위한 자리라 해도 과언이 아니었습니다. 역사 공부를 하는 듯 다양한 역사적 유물과 시대적 의상이 등장했고, 그리스·로마 신화의 여러 신들을 상징하는 춤 등이 공연되었습니다. 수천 년 역사를 자랑하는 그리스 인의 문화적 우월성과 자부심을 드러냈습니다. 지금의 서양 문화의 뿌리를 이루고 있는 것이 3,000년 전의 자신들의 문화임을 자랑하기 위한 무대였다고 할 수 있었습니다.

또한 현대 수학의 위대한 업적을 이루기 위한 튼튼한 기반이 되어준 고대 그리스의 기하학에 대한 자부심이 개막식 곳곳에서 드러났습니다.

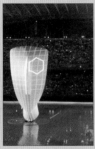

인간과 말의 결합인 켄타우로스가 등장함으로써 그리스 신화를 연상시켰다. 또한 평면도형을 형상화해 그리스의 위대한 수학자 피타고라스를 떠오르게 했다.

공중에 매달린 정육면체와 인간의 등장은 공간적 대칭의 아름다움을 만들어냈다.

평면 위에서 이루어진 악대들의 행진은 물의 반사로 자연스러운 선대칭의 아름다움을 만들어냈다.

3 유클리드의 기하학

유클리드(Euclid, BC 330?~BC 275?)

어느 날 왕자가 기하학 공부를 하던 중 너무 어려워 선생에게 "기하학이란 매우 어려운 학문이구나. 쉽게 배울 수 있는 방법이 없겠느냐?"라고 물었습니다.

그러자 기하학 선생은 머리를 가로 저으며 "왕자님, 기하학에는 왕도가 따로 없습니다"라며 단호하게 꾸짖었습니다. 한 나라의 왕자를 서슴없이 꾸짖었던 사람이 바로 '기하학의 아버지'라고 불리는 그리스의 유명한 수학자 유클리드입니다. 그 당시 수학은 거의 대부분이 기하학에 관한 것이었으므로, 기하학이 곧 수학이나 다름없었습니다.

이런 이야기도 전해지고 있습니다. 유클리드에게 기하학을 배우던 제자가 어느 날 스승에게 다음과 같이 물었습니다.

"딱딱한 논리로만 엮어져 있는 기하학을 배워서 어디에다 써먹을 수 있겠습니까?"

그러자 유클리드는 "너에게 돈을 줄 테니 이곳을 떠나거라. 너에겐 학문보다도 돈이 더 소중하니"라며 그에게 동전 한 닢을 던져주며 쫓아버렸습니다.

이처럼 유클리드는 학문을 배우는 이유를 단지 현실의 이익에만 두는 것을 상당히 안 좋게 생각했습니다. 또한 아무리 어렵더라도 한 단계, 한 단계 순차적으로 밟아가는 성실성과 현실의 이익을 떠나 진정한 학문의 연구에 몰두할 수 있는 순수성에 가치를 두었습니다. 그의 이러한 가치관 때문에 흩어져 있던 수많은 수학 지식을 모아 진정한 학문으로서의 모습을 갖추게 하는 거대한 업적을 남길 수 있었던 것입니다.

유클리드는 BC 330년경 시리아의 지루에서 태어났습니다. 그의 위대한 업적에 비해 프톨레마이오스 1세 시대의 수학자라는 것밖에 알려진 것이 많지 않습니다. 알렉산더 대왕은 이집트를 정복하여 나일 강가에 자신의 이름을 딴 알렉산드리아라는 신도시를 건설했습니다. 알렉산더 대왕이 죽은 후 왕국은 여러 나라로 분열되었는데, 그 중 신도시 알렉산드리아를 중심으로 하는 나라를 다스린 왕이 프톨레마이오스 1세 (Ptolemaeos I, BC 367~BC 283)였습니다. 이 프톨레마이오스 1세는 학문에 대한 열정이 대단해서, 알렉산드리아에 대학과 도서관을 세워 학문을 장려하였습니다. 그

후 알렉산드리아 대학은 거의 1천년 가까이 그리스인들의 학문의 중심지가 되었습니다. 유클리드도 알렉산드리아 대학에서 수학과를 담당하기 위해 초빙되어 그 곳에서 왕을 비롯한 많은 제자들을 가르쳤으며, 13권에 이르는 수학의 위대한 업적 『기하학 원론(Elements)』을 저술하였습니다.

라파엘로의 〈아테네 학당〉, 오른쪽 아래에 허리를 굽혀 컴퍼스를 돌리고 있는 사람이 유클리드이다.

　이 책은 여기 저기 흩어져 있던 수학 지식들을 모아 하나의 학문으로서 그 체계를 잡은 '최초의 수학책' 입니다. 탈레스, 피타고라스, 플라톤 등 역사상 대표적인 학자들의 연구를 엄선하여 정리하고, 낡은 증명 방법은 유클리드 자신의 생각을 더해 수정하거나, 새롭게 바꾸어 증명의 논리적 순서를 확립하였습니다. 또한 서로 연관성 있는 지식들을 분류하여 명확하게 재정리하였습니다. 1482년에 초판이 인쇄된 후 지금까지 1천 판이 넘도록 인쇄되었으며 2천 년 이상 기하학의 교과서로 군림하고 있습니다. 성경 다음으로 가장 많이 팔린 책이기도 합니다.

　비록 17, 18세기에는 유클리드의 수학적 사고에 반론을 제기하는 학파가 생겼으

나, 오늘날까지 『기하학 원론』의 체계를 따르지 않는 것은 수학이라고 인정받지 못할 정도로 그의 업적은 수학사에서 매우 중요한 위치를 차지하고 있습니다.

하지만 안타깝게도 641년 사라센의 장군 오마루가 알렉산드리아를 함락시켰을 때, 그리스 학자들의 피나는 노력에도 불구하고 오마루 장군은 무려 6개월이라는 긴 시간 동안 알렉산드리아 도서관의 모든 책들을 불태워버렸습니다. 이때 유클리드가 쓴 그리스어 원본이 손실되었고, 여류 수학자 히파티아의 아버지인 테온이 쓴 교정본만이 전해지고 있습니다.

젊었을 때, 이 책을 읽고 황홀하지 않은 사람은 이론을 탐구할 자격이 없다.

- 아인슈타인

「기하학 원론」 한 눈에 보기

[1권] 23개의 정의, 5개의 공준, 5개의 공리와 48개의 명제가 수록되어 있습니다. 삼각형의 합동, 자와 컴퍼스를 사용한 간단한 작도, 삼각형의 각과 변에 대한 부등식, 평행선의 성질, 평행사변형에 관한 정리들이 포함되어 있습니다. 〈명제 45〉와 〈명제 46〉의 작도는 이차방정식의 해법과 관련되어 있으며 〈명제 47〉과 〈명제 48〉은 피타고라스의 정리와 그 역의 증명입니다.

기하학 원론

[2권] 14개의 명제가 수록되어 있습니다. 〈명제 1〉부터 〈명제 11〉까지는 간단한 대수법칙(분배법칙, 다항식의 전개, 인수분해 등)을 기하학적으로 증명하고 있으며 〈명제 12〉, 〈명제 13〉은 삼각법에 관한 것입니다.

[3권] 37개의 명제가 수록되어 있습니다. 원, 현, 할선, 접선, 연관된 각의 측정 등에 관한 정리입니다.

[4권] 16개 명제가 수록되어 있습니다. 자와 컴퍼스를 이용한 작도, 원에 내접, 외접하는 도형의 작도, 정다각형의 작도에 관한 것입니다.

[5권] 18개의 정의와 25개의 명제가 수록되어 있습니다. 비례론은 주제로 하고 있는데, 그 내용이 심오하고 치밀성과 정확성으로 원론의 존재가치를 높이는 중요한 문헌입니다. (※ 길이의 등식 $x:a=b:c$ 라는 관계도 넓이의 등식 $cx=ab$로 간주)

[6권] 4개의 정의와 33개의 명제가 수록되어 있습니다. [5권]의 비례론을 이용하여 닮은 도형에 대해 설명하고 있습니다. 〈명제 31〉은 피타고라스의 정리를 증명한 것입니다.

[7권] 22개의 정의(약수, 배수, 짝수, 홀수, 소수, 서로소인 수, 두 수의 곱, 평면수, 입체수, 수의 비례, 닮은 평면수와 입체수, 완전수 등)와 39개의 명제(유크리드 호제법, 최소공배수 구하기 등)가 수록되어 있습니다. (※ "…의 배수이다", "…의 약수이다"라는 지금 대수적인 방식 대신에 "…으로 측정 된다"와 "…을 측정 한다"는 기하학적 방식으로 쓰여있습니다.)

[8권] 27개의 명제가 수록되어 있습니다. 등비급수에 관한 이론과 기하수열에 관한 것으로, 마지막 〈명제 27〉에는 닮은비가 $m:n$인 도형은 그 부피의 비가 $m^3:n^3$이 됨을 보여주고 있습니다.

[9권] 36개의 명제가 수록되어 있습니다. 소인수분해, 소수의 정리(소수는 무한히 많다) 등에 관한 것입니다.

[10권] 16개의 정의와 115개의 명제가 있는 분량이 가장 많은 권입니다. 무리수론으로 $\sqrt{}$ 와 같은 기호는 없지만 논리적인 이론 체계를 전개하고 있습니다. (※ 그리스 수학을 무(無)기호대수라고 합니다.)

[11권] 29개의 정의와 29개의 명제가 수록되어 있습니다. 직선과 평면의 수직관계, 평면과 평면의 수직관계, 평행인 평면, 닮은 입체도형, 각뿔, 각기둥, 구의 축과 중심 및 반지름, 원뿔 및 원기둥, 입방체, 정8면체, 정20면체, 정12면체 등에 관한 것입니다.

[12권] 18개의 명제가 수록되어 있습니다. 현대 미적분의 기반이 되는 '착출법' 방법을 이용하여 곡선 도형의 넓이, 부피에 관한 정리를 증명하였습니다.

[13권] 18개의 명제가 수록되어 있습니다. 주로 정다면체에 대한 내용입니다.

정십이면체라는 도형이 있다고 가정을 합니다. 이 도형은 정오각형이라는 평면 12개가 모여서 만들어집니다. 정오각형은 5개의 선이 모여 만들어지고, 선은 무수히 많은 점들이 모여 만들어집니다. 그렇다면 점은 어떻게 만들어 질까요?

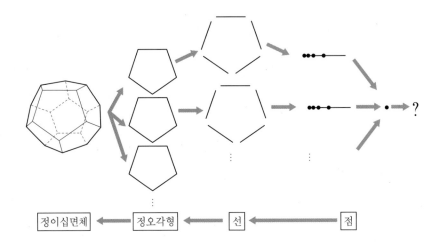

유클리드는 이처럼 어떤 대상에 대해 더 이상 설명이 안 되는 최소 단위까지 분석하는 것을 학문의 시작으로 생각했습니다. 최소 단위에 다다르면 다시 거꾸로 각 단위를 종합하면서 처음의 대상에 도달해야 그 대상을 정확하게 이해할 수 있다는 철저한 분석적 자세를 원칙으로 삼았습니다. 이런 분석적 태도는 문제를 근본부터 생각하게 되므로 기초가 단단해집니다.

학문을 대하는 유클리드의 이러한 태도로 그 전에는 너무 작아 무시되던 '점' 도 하나의 도형으로 보게 되었을 뿐만 아니라 '점이 기하학의 출발점' 이라고 생각하게 되었습니다. 이처럼 경험에 의해서 얻어진 것들을 그냥 지나치지 않고 명확하게 표현하려는 그의 노력의 흔적은 『기하학 원론』 곳곳에서 발견되고 있습니다.

『기하학 원론』의 1권 첫 장을 펼치면 보통 다른 책처럼 서문이나 차례가 나오지 않습니다. 아무 설명도 없이 다음과 같은 문장으로 시작합니다.

점은 부분이 없는 것이다.

선은 폭이 없는 길이다.

선의 끝은 점이다.

직선이란, 그 위에 점이 한결같이 곧게 늘어선 것이다.

면이란 길이와 폭만을 갖는 것이다.

면의 끝은 선이다.

⋮

위의 문장처럼 어떤 대상의 의미를 명확하게 설명해 놓은 것을 '용어(用語)'라고 합니다.

때로는 동일한 것을 다르게 해석하여 서로 오해하고 혼란스러워 하는 경우가 있을 것입니다. 이런 혼란을 막기 위해 유클리드는 "이것은 이것이다"라고 확실히 못 박아 두고 시작했던 것입니다. 이처럼 용어의 의미를 명확하게 제시한 것을 '정의(定義)'라고 합니다.

또한 이 책은 정의를 나열한 후에 이어서 '공준'과 '공리'라는 것을 나열하고 있습니다.

공준(公準)

(1) 임의의 점에서 임의의 점에 직선을 그을 수 있다.

(2) 유한의 직선을 계속해서 연장할 수 있다.

(3) 임의의 중심과 거리를 가지고 원을 그릴 수 있다.

(4) 모든 직각은 서로 같다.

(5) 하나의 직선이 두 직선과 만나서 같은 쪽에 있는 두 각의 합이 두 직각보다 작을 때, 이 두 직선을 한없이 연장하면 결국 두 직각보다 작은 각이 있는 쪽에서 만난다.

공리(公理)

(1) 같은 것과 같은 것은 서로 같다. ($a=b, b=c$이면 $a=c$이다.)

(2) 같은 것에 같은 것을 더하면 그 결과는 같다. ($a=b$이면 $a+c=b+c$이다.)

(3) 같은 것에서 같은 것을 빼면, 나머지는 서로 같다. ($a=b$이면 $a-c=b-c$이다.)

(4) 서로 겹치는 둘은 서로 같다.

(5) 전체는 부분보다 크다.

　여기서 '공준' 이란 기하학(수학)에서 증명 없이 참이라고 믿는 기본적인 명제를 말합니다. 공리는 공준보다 더 일반적인 개념으로, 기하학뿐만 아니라 모든 학문에서 증명 없이 참이라고 하는 명제입니다.

　이처럼 유클리드는 모두가 참이라고 인정하여 전혀 이의를 제기할 수 없는 정의와 공리, 공준을 책 서문에서 명확히 하였습니다. 그 다음 다른 명제들을 이것들에 위배됨이 없이 단계별로 증명해나가면서 《기하학 원론》을 저술하고 있습니다. 이것은 이후에 수학책들의 본보기가 되었습니다.

　〈명제 4〉 두 변과 끼인각의 크기가 같은 경우 두 삼각형이 각각 서로 같은 변을 갖고, 이 같은 두 직선이 이루는 각이 같으면, 이 두 삼각형에서는 밑변이 밑변과 같고 삼각형이 합동이며 나머지 각이 나머지 각과 각각 같다.

이 명제는 『기하학 원론』 제1권에 네 번째로 나오는 명제를 그대로 옮겨본 것입니다. 이것을 현재의 표현으로 옮겨보면, 결국 삼각형의 합동조건 중 "두 변과 끼인각의 크기가 같으면 두 삼각형은 합동이다"라는 명제와 같은 것입니다. 그럼 유클리드가 이 명제를 어떻게 증명하였는지 한 번 살펴봅시다.

〈명제 4〉 △ABC와 △EFG에서 $\overline{AB}=\overline{EF}$, $\overline{BC}=\overline{FG}$, ∠ABC＝∠EFG이면, △ABC≡△EFG이다.

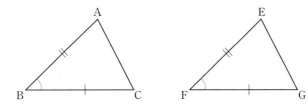

증 명

△EFG의 변 EF는 △ABC의 변 AB 위에 겹치므로 $\overline{AB}=\overline{EF}$이다. 또, 변 BC 위에 변 FG는 겹치므로, $\overline{BC}=\overline{FG}$이다.(∵ 〈공리4〉 "서로 겹치는 둘은 서로 같다"에 의해)

그런데, 점 C와 점 A를 연결하는 직선은 오직 1개이고, 점 G와 점 E를 연결하는 직선도 오직 1개이다. (∵ 〈공준 1〉 "임의의 점에서 임의의 점에 직선을 그을 수 있다"에 의해)

그러므로 $\overline{GE}$와 $\overline{CA}$는 겹친다. 따라서, △ABC≡△EFG이다.

이처럼 유클리드는 공리나 공준을 사용하여 이유가 확실해야만 다음 단계로 넘어가는 방법으로 증명을 하였습니다. 수학은 문제를 해결할 때 결론을 끌어내는 데만

급급해 대충 넘어가면 절대로 해결할
수 없다는 것을 몇천 년 전에 벌써 보여
줬습니다.

　논리적인 확신이 있기 전에는 절대
로 한 발짝도 움직이지 않는 이런 사고
방식은 어찌 보면 답답하고 고지식해
보일지 모릅니다. 그러나 "당연해 보이
는데 그냥 대충 넘어갈까." 하는 사고방
식으로는 절대로 단단한 기초를 세울
수 없으며, 결국은 무너져 버립니다. 그렇기 때문에 기초부터 철저히 분석하고, 증명
에 의해 옳다고 인정된 사실들로만 차근차근 쌓아올린 유클리드의 『기하학 원론』이
수천 년이 지나도 무너지지 않고 굳건하게 자리를 지키고 있는 것입니다.

잠깐!

용어 정리

- 명제(proposition) : 참, 거짓을 판단할 수 있는 문장이나 식.
- 정의(definition) : 대상을 보편적인 것으로 하기 위해, 용어 또는 기호의 의미를 확실하
게 규정한 문장이나 식.
- 정리(theorems) : 그리스어로 'theoreo' 공리, 공준, 정의를 이용하여 참임이 증명된
명제.

유클리드 따라잡기

『기하학 원론』 제1권에 처음 등장하는 명제는

"주어진 유한의 직선(＝선분) 위에 이등변삼각형을 만들 수 있다." 〈명제 1〉입니다.

유클리드는 다음과 같은 방법으로 이등변삼각형

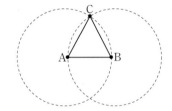

을 만들었습니다.

ⅰ) 우선 선분 AB를 자로 그립니다.

ⅱ) 점 A를 중심으로 하고 선분 AB를 반지름으로

하여 원을 그립니다.

ⅲ) 점 B를 중심으로 하고 선분 AB를 반지름으로 하여 원을 그립니다.

ⅳ) 이때 두 원의 교점 C에서 점 A, B에 선분을 긋습니다.

ⅴ) △ABC는 이등변삼각형입니다.

이 작도에 사용된 공준, 공리를 말하고, 다음에 주어진 몇 개의 정리 중 어떤 정리

를 사용한 것인지를 찾아 △ABC가 이등변삼각형임을 증명하여 봅시다.

정의

(중략)

14. 도형이란 하나 또는 그 이상의 경계에 의해 둘러싸인 것이다.

15. 원이란 그 도형의 내부에 있는 한 정점으로부터 곡선에 이르는 거리가 같은 하나의 곡
    선에 의해 둘러싸인 평면도형이다.

16. 그리고 이 정점을 원의 중심이라고 한다.

17. 원의 지름이란 원의 중심을 지나고 원주의 양 끝에서 끝나는 직선이며, 또한 이 직선
    은 원을 이등분한다.

18. 반원이란 지름과 그 지름에 의하여 잘린 원주로 둘러싸인 도형이다.

(중략)

ⅰ) 우선 선분 AB를 자로 그립니다.

ⅱ) 점 A를 중심으로 하고 선분 AB를 반지름으로 하여 원을 그립니다.

ⅲ) 점 B를 중심으로 하고 선분 AB를 반지름으로 하여 원을 그립니다.

　　← ⅰ), ⅱ) 모두 〈공준 3. 임의의 중심과 거리를 가지고 원을 그릴 수 있다.〉

ⅳ) 두 원의 교점 C에서 점 A, B에 선분을 긋습니다.

　　← 〈공준 1. 임의의 점에서 임의의 점에 직선을 그을 수 있다.〉

　　이때, 중심이 A인 원에서 $\overline{AC}=\overline{AB}$이며, 중심이 B인 원에서 $\overline{BC}=\overline{BA}$입니다.

　　← 〈정리 15〉

　　$\overline{AC}=\overline{AB}$이고 $\overline{BC}=\overline{BA}$이므로 $\overline{AC}=\overline{BC}$입니다.

　　← 〈공리 1. 같은 것과 같은 것은 서로 같다.〉

ⅴ) 따라서, △ABC는 이등변삼각형입니다.

『기하학 원론』 제1권에 수록된 정의 전문

1. 점은 부분이 없는 것이다.

2. 선은 폭이 없는 길이이다.

3. 선의 끝은 점이다.

4. 직선이란, 그 위의 점에 대해 한결같이 늘어선 선이다.

5. 면이란 길이와 폭만을 갖는 것이다.

6. 면의 끝은 선이다.

7. 평면이란 면이며 직선이 그 위에 한결같이 놓인 것이다.

8. 평면각이란 한 평면 위에서 서로 만나고 일직선이 되지 않는 두 선 사이의 기울기이다.

9. 각을 낀 두 선분이 직선이면 그 각을 직선각이라 한다.

10. 한 직선이 다른 직선과 만났을 때 이루어지는 이웃한 두 각이 서로 같으면, 같은 각을 각각 직각이라고 하고, 이때 한 직선을 다른 직선에 대하여 수직이라고 한다.

11. 둔각이란 직각보다 큰 각이다.

12. 예각이란 직각보다 작은 각이다.

13. 어떤 것의 끝을 경계라 한다.

14. 도형이란 하나 또는 그 이상의 경계에 의해 둘러싸인 것이다.

15. 원이란 그 도형의 내부에 있는 한 정점으로부터 곡선에 이르는 거리가 같은 하나의 곡선에 의해 둘러싸인 평면도형이다.

16. 그리고 이 정점을 원의 중심이라고 한다.

17. 원의 지름이란 원의 중심을 지나고 원주의 양 끝에서 끝나는 직선이며, 또한 이 직선은 원을 이등분한다.

18. 반원이란 지름과 그 지름에 의하여 잘린 원주로 둘러싸인 도형이다.

19. 직선도형이란 직선에 의해 둘러싸인 도형이며, 세 개의 직선으로 둘러싸인 도형을 삼각형, 네 개의 직선으로 둘러싸인 도형을 사각형, 네 개 이상의 직선으로 둘러싸인 도형을 다각형이라 한다.

20. 삼각형 중에서, 정삼각형은 세 변의 길이가 같은 것이고, 이등변삼각형은 두 변만 같은 것이고, 부등변삼각형은 세 변이 같지 않은 것이다.

21. 그리고 삼각형 중에서 직각삼각형은 한 각이 직각인 것이고, 둔각삼각형은 한 각이 둔각인 것이고, 예각삼각형은 세 각이 예각인 것이다.

22. 사각형 중에서 정사각형은 등변이고 각이 직각인 것이고, 직사각형은 등변이 아니지만 각이 직각인 것이고, 마름모는 등변이지만 직각이 아닌 것이고, 또한 평행사변형은 맞변이 같고 맞각이 같지만 등변이 아니고 직각이 아닌 것이다. 그리고 이외의 사각형을 부등변사변형이라 한다.

23. 평행선이란 동일 평면 위에 있고 어느 방향으로든지 무한히 연장해도 절대 만나지 않는 두 직선이다.

기하학의 도구는 오직 자와 컴퍼스 뿐

그리스인들은 눈금이 없는 직선 자와 컴퍼스만을 사용하여 주어진 조건에 알맞은 선이나 도형을 그렸는데, 이것을 '작도(作圖)' 라고 합니다.

그리스 인들은 이 두 가지의 도구로

① 두 점을 이어 직선을 긋는 일

② 선분을 연장하는 일

③ 임의의 한 점을 중심으로 해서 다른 한 점을 지나는 원을 그리는 일만을 하기로 약 속하였습니다.

"왜 그리스인들은 이런 쓸데없어 보이는 제약을 만들어서 보다 편하고 더 많은 것 을 성취할 수 있는 기회를 빼앗은 것일까?"라는 반론에 고대 그리스 철학자 플라톤 은 다음과 같이 말했습니다.

"눈금 없는 자와 컴퍼스 이외의 다른 작도법은 기하학의 장점과 완전성을 파괴하 고 해치는 것이다. 좀 더 세련되고 복잡한 도구를 사용하는 것이야말로 나와 같은 철학자에게는 아무런 가치가 없으며 단지 육체적 기술만을 필요로 하는 단순한 행 위일 뿐이다. 만일 그 이외의 다른 도구를 사용한다면 기하학의 유용성은 옆으로 밀려나고, 파괴될 것이다.

신이 사용하였던 기하학을 인간이 만든 복잡한 도구를 사용하여 적용한다면, 이데 아의 세계로 한껏 고양시켜 영원하고 영적인 사고에 대한 이미지로 표현할 수 없기 때문이다. 또한 기하학을 저급한 감각의 세계로 환원시킬 수도 있다."

어쩌면 현대의 사고방식으로 보았을 때 지나친 면이 있지만, 고대 그리스인들은 도형을 신의 선물이라 생각했으며 그만큼 그것을 소중하게 생각했습니다. 때문에 인간의 조잡한 행위로 혹여 다치지 않을까 하는 염려를 했던 것입니다. 플라톤의 이 말은 그리스 인들의 영원하고 영적인 사고에 대한 순수한 열정이 잘 묻어나는 말이 아닐 수 없습니다.

전반적으로 이런 사고가 지배하고 있던 당시의 그리스 인들은 기하학을 직선과 원이라는 두 개의 도형으로 제한하고, 이 두 개의 도형으로부터 그 밖의 더 복잡한 도형을 추론하고자 하였습니다. 이에 눈금 없는 자는 직선을, 컴퍼스는 원을 표현하기 위해 사용할 수 있는 가장 단순하고 적절한 도구였습니다.

기하학을 단순함에서 찾을 수 있는 조화로움과, 그래서 미학적으로 매력적인 학문으로 만들겠다는 그리스인들의 이상적 목표가 이 두 가지 도구만을 고집하게 했던 것입니다. 창조의 세계는 실용적인 사고보다는 몽상적이지만 순수한 열정에 의해서 열리게 되는 경우가 더 많습니다. 그리스 수학자들은 이러한 작도의 제약에도 불구하고 단순한 도형에서부터 시작해서 웅장하고 아름다운 파르테논 신전을 설계한 것을 보면 알 수 있습니다.

앞에서 살펴보았듯이 유클리드의 증명 방법은 어떤 명제를 먼저 하나 또는 여러 개의 공리와 공준 수준까지 분석하고, 이를 다시 단계별로 종합하여 공리, 공준처럼 자명한 정리로 만드는 것입니다. 작도도 마찬가지였습니다. 주어진 명제를 직선과 원만으로 표현하면서 주어진 명제에 숨어있는 자명한 공리나 공준을 한 단계 한 단계 눈으로 확인하는 과정이었습니다.

만약 자와 컴퍼스 이외의 더 복잡한 도구를 사용하여 작도했다면, 주어진 명제를 결코 유클리드가 설정한 공리나 공준으로 나누어 내기는 힘든 일이 되었을 것입니다. 또한 유클리드를 비롯한 고대 그리스 수학자들에게 그것은 결코 증명이라 받아들일 수 없었던 것입니다. 바로 그런 이유 때문에 유클리드는 작도 도구로 눈금 없는 자와 컴퍼스로 제한을 두었던 것입니다.

이 도구들을 '유클리드 도구'라고 하고, 이들로 작도하는 것을 '유클리드 작도'라고 합니다.

자! 그럼 자와 컴퍼스로 도형을 어떻게 작도하는지 기본적인 작도부터 한번 살펴봅시다.

오른쪽 삼각형 ABC를 그대로 다른 종이에 옮겨 그릴 수 있을까요?

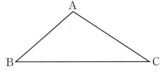

ⅰ) 선분 BC를 옮깁니다.

점 B와 점C에 컴퍼스의 바늘을 맞춥니다.

다른 종이에 그대로 옮겨 두 점 B′, C′를 찍습니다. [공리 4]

자로 두 점을 잇습니다. [공준 1]

ii) ∠ABC 옮깁니다.

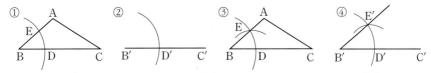

① 컴퍼스로 점 B를 중심으로 반지름의 길이가 $\overline{AB}$보다 작게 하여 원을 그리고[공준 3], $\overline{BC}$와 만나는 점을 D, $\overline{AB}$와 만나는 점을 E라 합니다.
② 그 반지름의 길이를 그대로 하여 점 B′를 중심으로 원을 그리고, $\overline{B'C'}$와 만나는 점을 D′라 합니다.
③ 점 D를 중심으로 반지름의 길이가 $\overline{DE}$인 원을 그립니다.
④ 그 반지름의 길이를 그대로 하여 점 D′를 중심으로 원을 그리고 처음에 그린 원과 만나는 점을 E′라 합니다.
점 B′와 점 E′를 자로 이어줍니다.[공준 1]

iii) 마지막으로 △ABC에서 $\overline{AB}$의 길이를 컴퍼스를 이용하여 길이를 재어 직선 B′E′ 위에 점 A′를 잡아 C′와 이어주면 △A′B′C′가 완성됩니다.

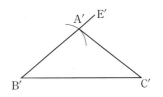

이 방법 말고 세 변의 길이를 측정하여 옮기는 방법도 있습니다. 여기서는 같은 길이의 선분을 작도하는 방법과 같은 크기의 각을 작도하는 방법을 보이기 위해 이 방법을 사용하였습니다.

이와 같이 자와 컴퍼스를 이용하면 이런 간단한 것부터 복잡한 도형에 이르기까지 유클리드의 공준과 공리, 또 정의를 따라가며 정확하게 작도할 수 있습니다. 여기서 사용된 작도는 좁은 의미의 작도만을 보여주었지만, 진짜 제대로 된 작도는 다음과 같은 과정을 거쳐 완전한 해를 얻는 것을 의미합니다.

① 조건에 알맞은 도형이 그려진 것으로 하고, 이를 위한 필요조건을 구합니다. 이것을 '해석(解析)'이라 합니다.

② 작도의 순서 방법을 밝힙니다. 이것을 좁은 뜻의 '작도'라 합니다.

③ 작도법이 올바름을 논증(論證)하고, 그 도형이 주어진 조건을 만족하고 있는 것, 즉 충분함을 밝히는 것을 '증명(證明)'이라 합니다.

④ 작도에 의해서 실제로 해가 얻어질 수 있는지, 또 몇 가지의 해가 있는지를 조사합니다. 이것을 '음미(吟味)'라 합니다.

잠깐!

그 밖의 기본적인 작도

▷ **수직이등분선의 작도**
① 점 A, B를 각각 중심으로 하여 같은 크기의 원을 두 점에서 만나도록 그린 후 만난 점을 C, D라고 한다.
② 두 점 C, D를 지나는 직선을 그으면 직선 CD는 $\overline{AB}$의 수직 이등분선이다.

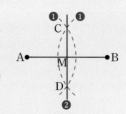

▷ **수선작도**
① 점 P를 중심으로 하여 직선과 두 점에서 만나도록 적당한 크기의 원을 그려서 만난 점을 A, B라고 한다.
② 점 A, B를 각각 중심으로 하여 같은 크기의 원을 만나도록 그려서 만난 점을 Q라고 한다.
③ 두 점 P, Q를 잇는다.

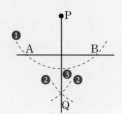

▷ **각의 이등분선의 작도**
① 점 O를 중심으로 적당한 원을 그려서, X, Y와의 교점을 각각 A, B라고 한다.
② 점 A, B를 중심으로 반지름의 길이가 같은 두 원을 그려 그 교점을 P라고 한다.
③ 점 O와 P를 이은 OP가 구하는 ∠XOY의 이등분선이다.

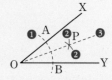

▷ **평행선의 작도**
① 점 P를 지나고 직선 AB와 만나는 직선을 적당히 그려서, 만난 점을 Q라고 한다.
② 점 Q를 중심으로 하는 원을 그려서 ∠PQB의 두 변 QP, QB와 만난 점을 각각 R, S라고 한다.
③ 점 P를 중심으로 ②와 같은 크기의 원을 그려서 직선 PQ와 만난 점을 T라고 한다.
④ 두 점 R, S 사이의 거리를 잰다.
⑤ 점 T를 중심으로 하고 반지름의 길이가 의 길이와 같은 원을 그려서 ③의 원과 만난 점을 U라고 한다.
⑥ 점 P와 U를 이은 직선 PU가 구하는 평행선이다.

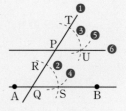

『기하학 원론』 제3권의 명제

원 밖의 한 점 P에서 주어진 원 O에 접선을 작도하시오.

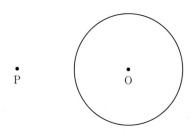

풀이

① 선분 PO를 지름으로 하는 원을 그립니다.

② ①의 원과 원 O와의 교점을 S, T라 합니다.

③ 이때, 점 P와 점 S, 점 P와 점 T를 지나는 두 직선이 각
   각 주어진 원의 접선들입니다.

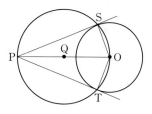

농지가 넓을수록 바둑판처럼 반듯한 모양이어야 농사짓기가 편리합니다. 옛 선조들은 옛날부터 구불구불하게 생긴 농토를 반듯한 정사각형으로 만들되 원래의 면적보다 작아지지 않게 하기 위해서 오래전부터 다양한 방법을 생각했습니다.

"면적은 같으면서 반듯한 모양의 땅을 만들 방법은 없을까?"라는 문제는 아주 옛날부터 사람들의 중요한 관심사였을 것입니다.

고대 그리스 사람들도 이 문제에 관심이 많았고, 결국 논리적 사고로 아주 명쾌하게 해결하였습니다. 피타고라스 학파는 주어진 다각형을 같은 면적의 정사각형으로 작도하는데 성공하였습니다. 그 방법을 유클리드는 『기하학 원론』 제2, 3권에 체계적으로 정리해놓았습니다.

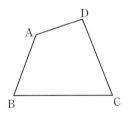

오른쪽 그림과 같은 사각형 ABCD를 같은 넓이를 가지는 정사각형으로 작도하여 봅시다.

1단계, 사각형을 삼각형으로

우선 사각형 ABCD를 같은 넓이를 갖는 삼각형으로 만듭니다.

꼭지점 D를 지나고 대각선 $\overline{AC}$에 평행한 직선을 긋고 변 BC의 연장선과 만나는 점을 E라 하면, △ACD와 △ACE의 넓이가 같으므로 □ABCD와 △ABE의 넓이가 같습니다.

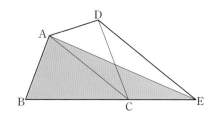

∴ △ACD와 △ACE의 밑변은 $\overline{AC}$로 공통이고, $\overline{AC} /\!/ \overline{DE}$이고, 높이가 같으므로

$$\triangle ACD = \triangle ACE$$

2단계, 삼각형 ABE를 직사각형으로

다음에는 △ABE와 같은 넓이를 갖는 직사각형을 만듭니다.

꼭지점 A에서 밑변 BE에 수선을 내려 만나는 점을 H라 합니다. $\overline{AH}$의 중점 M을 잡아 $\overline{MH}$를 세로로 하고 $\overline{BE}$를 가로로 하는 직사각형 BEFG를 작도하면 △ABE와 □BEFG의 넓이는 같습니다.

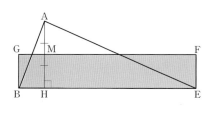

$$\because \triangle ABE = \frac{1}{2} \times \overline{AH} \times \overline{BE}$$

$$= \left(\frac{1}{2} \times \overline{AH}\right) \times \overline{BE}$$

$$= \overline{HM} \times \overline{BE} = \overline{GB} \times \overline{BE}$$

$$= \square BEFG$$

3단계, 직사각형 BEFG를 정사각형으로

우선, 가로 BE의 연장선에 $\overline{EF}$와 같은 길이의 점을 잡아 F′라 합니다. $\overline{BF'}$를 지름으로 하는 반원을 그리고, 점 E에서 수선을 그어 원과 만나는 점을 I라 합니다.

$$\overline{EI}^2 = \overline{BE} \times \overline{EF'} = \overline{BE} \times \overline{EF} = \square BEFG$$

이므로 EI를 한 변으로 하는 정사각형을 작도하면 □BEFG의 넓이와 같게 됩니다.

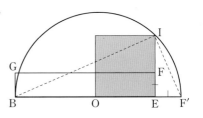

∴ 지름을 현으로 하는 원주각의 크기는 $90°$

이므로 $\triangle BIF'$는 직각삼각형입니다. 따라서,

$\triangle BIE \backsim \triangle IF'E$ ($\because$ AA닮음)이므로

$\overline{BE} : \overline{IE} = \overline{IE} : \overline{F'E}$

$\therefore \overline{IE}^2 = \overline{BE} \cdot \overline{F'E}$

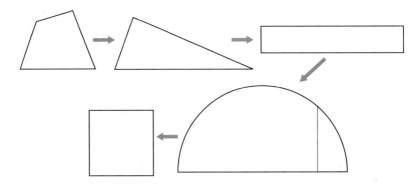

이렇게 작도를 훌륭하게 할 수 있었던 고대 그리스 사람들에게도 고민이 있었습니다.

"다각형이 아닌 원을 정사각형으로 만들 수 있을까?"

라는 생각으로 유클리드를 비롯하여 그리스 학자들은 자와 컴퍼스를 들고 궁리를 하였습니다. 그러나 오랜 세월이 흘러도 결국 해답을 구할 수 없었습니다.

이외에도 풀리지 않는 문제는 '임의의 각을 삼등분하는 작도', '주어진 정육면체의 2배의 부피를 가지는 정육면체의 작도'가 있습니다. 이를 '그리스의 3대 난제'라고 부릅니다.

이 3대 난제를 풀기 위해 오랜 세월동안 많은 수학자들이 연구를 하였으나, 2,000여 년 동안 해결되지 못했습니다. 결국 19세기에 이르러 자와 컴퍼스만으로는 작도가 불가능하다는 것이 증명됨으로써 고대 그리스 학자부터 이어져 온 수천 년의 노력이

한 순간에 물거품이 되어버렸습니다.

실용적인 관점에서 볼 때 2,000여 년이 넘는 이들의 노력은 일말의 가치도 없었던 것입니다. 무엇 때문에 컴퍼스와 눈금 없는 자에 얽매어 그토록 많은 시간을 낭비했을까요? 하지만 이 문제들을 해결하기 위하여 노력했던 수학자들의 집중력, 엄격함, 인내심 등을 결코 일말의 가치도 없는 물거품이라 단정해서는 안 됩니다. 해결되지 않은 문제에 대한 도전은 지적인 도전을 충족시키고자 하는 인간의 순수한 욕망입니다.

비록 3대 난제는 해결하지 못했지만 오랜 도전의 과정 속에서 이루 말할 수 없는 많은 황금과 같은 값진 지식을 발견할 수 있었던 것이니까요. '그리스 3대 난제'에 대해서는 2장 〈복제〉에서 자세하게 설명하고 있습니다.

오각형의 땅을 반듯하게 만들기

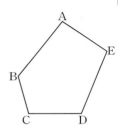

　오른쪽 그림과 같은 오각형 ABCDE와 같은 넓이를 갖는 정사각형을 작도하여 봅시다.

풀이

ⅰ) 오각형 ABCDE를 삼각형으로 만들기

　변 CD의 연장선과 점 B를 지나고 $\overline{\mathrm{AC}}$에 평행한 직선이 만나는 점을 P, 또 점 E를 지나고 $\overline{\mathrm{AD}}$에 평행한 직선과의 교점을 Q라 하면

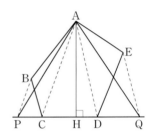

$$\triangle \mathrm{ABC}=\triangle \mathrm{APC}, \ \triangle \mathrm{AED}=\triangle \mathrm{AQD}$$

이므로 오각형 $\mathrm{ABCDE}=\triangle \mathrm{APQ}$

ⅱ) 삼각형 APQ를 직사각형으로 만들기

　$\triangle \mathrm{APQ}$의 높이 AH의 중점을 M이라 하고, $\overline{\mathrm{HM}}$을 한변으로 하는 $\square \mathrm{PQRS}$를 작도합니다.

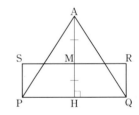

$$\triangle \mathrm{APQ}=\frac{1}{2}\times \overline{\mathrm{AH}}\times \overline{\mathrm{PQ}}=\overline{\mathrm{MH}}\times \overline{\mathrm{PQ}}=\square \mathrm{PQRS}$$

ⅲ) 직사각형 PQRS를 정사각형으로 만들기

　변 PQ의 연장선 위에 $\overline{\mathrm{QR}}$과 길이가 같게 하여 점 R'를 잡습니다. $\overline{\mathrm{PR}'}$를 지름으로 하는 반원을 그려 Q에서 수선을 그어 원과 만나는 점을 T라 합니다.

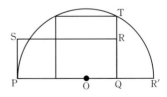

　$\overline{\mathrm{QT}}$를 한 변으로 하는 정사각형을 그리면 오각형 ABCDE와 넓이가 같은 정사각형이 작도되었습니다.

2,000년 전 동명성왕 고주몽이 작도한 정칠각형

정삼각형, 정사각형, 정오각형, 정육각형, 정팔각형의 작도는 널리 알려져 있지만, 흔히 정칠각형은 작도할 수 없다고 알려져 있습니다. 심져 반트젤(Wantzel, 1814~1848)이라는 프랑스 수학자는 1837년에 '삼차방정식의 근의 작도'라는 방법을 통해서 증명을 시도했습니다. 그는 "계수가 모두 유리수인 삼차방정식의 근이 모두 유리수가 아니라면, 이 방정식의 근은 작도할 수 없다"라고 증명했습니다.

그런데 우리의 조상이 정칠각형을 건축에 활용했다는 역사적 증거가 있습니다.「삼국사기」에 보면, 고주몽이 부여에서 그의 연인 예(禮)씨에게 언약한 부분을 보면, "그대가 사내아이를 낳거든 그 아이에게 이르되, '내가 유물을 칠릉석(七稜石, 일곱 모가 난 돌) 위 소나무 아래 감춰 두었으니 능히 이것을 찾는 자가 내 아들이다'라고 하시오."

라는 기록이 있습니다. 아들 유리는 어머니 예씨의 말씀을 듣고 일곱 모가 난 주춧돌 아래서 신표인 부러진 칼을 찾아내 부왕 고주몽을 찾아가 고구려의 제2대 왕이 되었습니다. 우리나라는 이미 고구려 이전에 칠각형의 주춧돌을 활용했었다는 기록입니다.

이런 전통적인 도형 제작기술은 지금도 건축 시공현장에서 많이 활용하고 있습니다.

아래 그림은 충북 진천에 목탑 보탑사를 시공한 김영일(金榮一)씨의 정칠각형 작도 도해입니다.

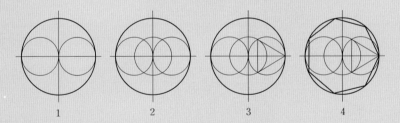

| 1 | 2 | 3 | 4 |

방정식을 작도로 풀 수 있다고?

유클리드는 그리스 수학자들이 사용하던 간단한 방정식을 기하학적으로 푸는 두 가지 해법을 체계적으로 설명해 놓았습니다. 그 기본원리가 되었던 작도가 다음과 같습니다.

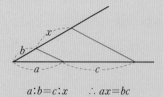

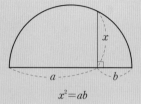

$$a:b=c:x \qquad \therefore ax=bc$$

$$x^2=ab$$

와 같이 간단한 일차방정식과 이차방정식을 작도에 의해 근을 구했던 것입니다.

이것을 응용하여 다음과 같은 방정식의 해도 작도로 구했습니다.

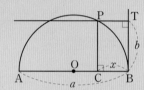

$$b^2=(a-x)x$$
$$\therefore x^2-ax+b^2=0$$

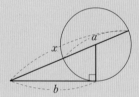

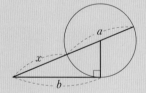

$$b^2=x(x-a) \qquad \therefore x^2-ax-b^2=0 \qquad\qquad b^2=x(x+a) \qquad \therefore x^2+ax-b^2=0$$

잠깐!

접선와 할선의 관계

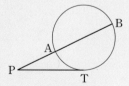

$$\overline{PT}^2=\overline{PA}\cdot\overline{PB}$$

유클리드가 생각하지 못한 공간

2,000여 년 전에 저술된 유클리드의 기하학 원론이 지금까지 수학 교과서로 전혀 손색이 없는 이유는 옳다는 것이 확실해지기 전에는 절대로 다음 단계로 넘어가지 않고 논리적인 순서에 따라 명제를 증명했기 때문입니다. 또한 체계적으로 정리를 배열하는 솜씨가 뛰어나기도 했습니다.

하지만 지나치게 논리적인 것만 중시하다보니 추상적인 내용으로 채워진 부분이 많고, 구체적인 양의 계산이 전혀 언급되어 있지 않다는 아쉬움이 있습니다. 예를 들어 삼각형의 넓이 공식이 없고, 작도에서도 눈금 없는 직선 자를 사용했기 때문에 길이 측정에는 전혀 신경을 쓰지 않았습니다. 그리스 인들은 실용적인 것보다는 논리적 사고 자체만을 중시한데서 기인한 것으로 생각할 수 있습니다. 또 다른 유클리드 기하학의 문제점은 도형을 절대로 움직이면 안 된다는 생각이었습니다. 도형 자체를 움직이거나 변형시키면 간단히 해결될 문제도 굳이 도형은 그대로 놔둔 채 여러 단계를 거쳐 복잡하게 해결하는 경우가 종종 있었습니다.

그러나 과거의 잘못된 부분에 반론을 제기하고 더 나은 방향으로 나아가려고 노력하는 것이 바로 인류의 역사입니다. 수학의 세계에서도 이러한 유클리드의 문제점을 알아채고 해결하려고 노력하는 것은 당연한 일입니다.

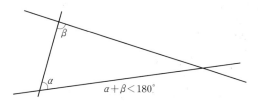

이 노력의 시발점이 된 것은

"하나의 직선이 두 직선과 만나서 같은 쪽에 있는 두 각의 합이 두 직각보다 작을 때, 이 두 직선을 한없이 연장하면 결국 두 직각보다 작은 각이 있는 쪽에서 만난다."

라는 유클리드 [공준 5]에서 시작됩니다. 이 공준에서 "정말 이것이 다른 공준에서 이끌어 낼 수 없는 진정한 공준인가?"라는 의심이 생긴 것입니다. 많은 학자들이 이에 대해 열심히 연구하였지만, 쉽게 해결되지 않았습니다. 대신 이 공준과 같은 의미를 가지는 여러 가지 다른 공준을 많이 찾았는데 그 중 가장 간단하면서 명확했던 것이

"직선 밖의 한 점을 지나고 그 직선과 평행한 직선은 오직 하나이다."

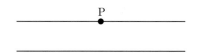

입니다.

사람들은 이 공준을 '평행선의 공준'이라 불렀습니다. 이것이 성립해야만 "삼각형의 내각의 합은 180°도이다"라는 명제가 참이 됩니다. 그러니 공준이 아니라고 단정지을 수도 없었던 것입니다. 그래서 이것은 공준으로 접어두고, 또 다른 세계가 있는 것은 아닌가 하는 것으로 방향을 바꾸었습니다.

유클리드 기하는 '평면'을 염두에 두고 만든 기하입니다. '구면' 같이 휘어진 면에서는 유클리드 기하가 성립하지 않습니다. 하지만 우리가 살고 있는 공간은 유클리드 기하처럼 완전한 평면이 존재하기 어렵습니다.

그래서 "구부러진 공간에서는 '평행선의 공준'이 어떻게 변할까?"라는 방향으로 관점이 바뀌게 되었던 것입니다. 이런 사상을 유클리드 기하학의 공간에 반대되는 것이라 하여 '비(非)유클리드 기하학'이라고 부릅니다.

이런 사고 전환을 처음 시도한 사람은 독일 수학자 가우스였습니다. 그러나 수천

년을 지켜온 유클리드 기하학을 반론하고 나서다가 혹여 지금까지 자신의 세워놓은 업적에 누가 되지 않을까 싶어 발표를 하지 않았습니다.

가우스(Karl Friedrich Gauss, 1777.4.30.~1855.2.23.)

그러던 중 비슷한 시기에 러시아의 수학자 로바체프스키가 '쌍곡적 비유클리드 기하학(쌍곡기하학)' 을 먼저 발표하여 세상에 알렸습니다.

유클리드의 [공준 5]가 쌍곡기하학에서는

"직선 밖의 한 점을 지나고 그 직선과 평행한 직선은 두 개 이상 존재한다."

로 바뀝니다. 이런 기하학이 생기는 공간은 물웅덩이처럼 안쪽으로 휘어진 공간입니다. 여기에서는 평행선을 그어 보면 무수히 많이 생기며 또한 삼각형의 내각의 합도 180° 보다 작아지는 등 유클리드의 원론에 맞서는 성질들이 생긴 것입니다.

로바체프스키(Nikolay Ivanovich Lobachevsky, 1792.12.1.~ 1856.2.24.)

오직 유클리드 기하학이 절대불변의 진리라고 굳게 믿고 있던 1800년대 사람들에게 비유클리드 기하학의 출현은 커다란 충격이었습니다. 무리수의 존재를 처음 발견한 피타고라스 학파가 느꼈던 당혹함보다 훨씬 컸습니다. 그 때문인지 비유클리드 기하학은 처음 출현한 이후 30여 년 간 빛을 보지 못했습니다. 그러다 독일의 수학자 리만이

리만(Georg Friedrich Bernhard Riemann, 1826.6.17.~1866.7.20.)

"타원적 비유클리드 기하학(타원기하학)"을 발표하면서 비로소 체계적인 수학으로 정리되었습니다. 유클리드의 [공준 5]가 타원기하학에서는

"직선 밖의 한 점을 지나고 그 직선과 평행한 직선은 존재하지 않는다."

라고 바뀝니다. 이것은 지구표면과 같은 볼록한 곡면에서 일어날 수 있습니다. 이런 곡면에서 평행선을 그으면 결국 만나게 됩니다. 평면에서는 최단 거리가 직선이지만 이런 곡면에서는 호로 나타나며, 삼각형의 내각의 합도 180°보다 크게 나옵니다.

또한 유클리드 기하학이 점, 직선, 평면, 공간을 극히 경직된 대상으로 다뤄왔으나 리만은 보다 유연하게 공간을 정의하였습니다. 그에 의하면 공간은 점으로 이루어졌고 공간의 성질은 점 사이의 거리로 결정됩니다. 이 거리에 대한 이차도함수(미분)가 공간의 구부러진 정도를 나타내는 '곡률'이라 하고, 곡률의 값이 0이면 유클리드 공간, 1이면 타원적 비유클리드 공간, -1이면 쌍곡적 비유클리드 공간이라 정의 내렸습니다. 또한 곡률을 상수가 아닌 변수(미지수)로 표현하여 좀 더 고차원의 공간도 자연스럽게 정의하였습니다. 이리하여 기하학은 '평면의 기하학'이 아닌 '공간의 기하학'으로 한 발 내딛게 되었습니다.

이처럼 '평행선의 공준'에 대한 호기심을 계기로 발전한 비유클리드 기하학으로 인해 휘어진 공간을 자연스럽게 다룰 수 있게 되었습니다. 그리고 60년이 더 지난 후 미국의 천재 물리학자 아인슈타인에 의해 '일반상대성 이론'을 완성하게 됩니다. 아인슈타인은 우리가 사는 우주 공간은 평면이 아닌 중력에 의해 휘어진 곡면이라는 것을 밝혀냈습니다. 즉 우주의 구조를 연구하는 현대 기하학에서는 비유클리드 기하학

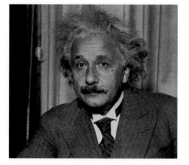

아인슈타인(Albert Einstein, 1879. 3. 14.~ 1955. 4. 18.)

이 중심으로 우뚝 서게 된 것입니다.

    인간과 오랫동안 함께 해왔던 유클리드 공간은 이제 이상세계의 공간이 되었고, 사람들로 하여금 당혹케 하고 낯설게 했던 비유클리드 공간이 어느새 우리 삶의 무대가 되어버렸습니다. 수천 년 동안 '절대적 진리' 라고만 믿어왔던 것들에 대해 호기심과 관심을 가지며 의문점을 제기하고 연구하다 보면 또 다른 새로운 세계를 열 수 있게 됩니다.

발견자	기하학	어떤 직선에 대한 평행선의 개수	삼각형의 내각의 합	공간
유클리드	포물선	1	180°	평면
가우스, 로바체프스키	쌍곡선	무수히 많다.	180°보다 작다.	물웅덩이처럼 오목한 공간
리만	타원	0	180°보다 크다.	지구표면

중요한 지점을 작도로 찾아보자

다음과 두 상황에 맞게 작도를 이용하여 위치를 찾아봅시다.

(1) 어느 유통회사에서 대형할인매장을 건설하려고 합니다. 오른쪽 그림처럼 A, B, C 세 지점의 중간에서 매장까지 직선 거리로 오는데 걸리는 거리가 모두 같은 곳에 세우려면 어느 위치에 세워야 할까요?

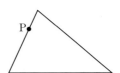

(2) 오른쪽 그림과 삼각형 모양의 땅이 있습니다. P지점에서 땅을 가로질러 담을 설치하려고 합니다. 이때, 담에 의해 나뉘는 두 부분의 넓이가 같게 하려면 어떻게 담을 세워야 할까요?

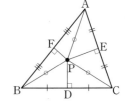

풀이

(1) 우선 세 지역을 연결하여 삼각형을 만듭니다. 다음에 두 점에서 같은 거리에 있는 점들은 두 점을 이은 선분의 수직이등분선 위에 있으므로 세 변의 수직이등분선을 각각 작도하여 만나는 곳에 할인매장을 건설하면 됩니다.

(2) $\overline{BC}$의 중점을 M이라 하고, $\overline{PM}$과 평행하고 점 A를 지나는 직선을 그어 $\overline{BC}$와 만나는 점을 Q라고 합시다.

$$\triangle PBQ = \triangle PBM + \triangle PMQ$$
$$= \triangle PBM + \triangle PMA \ (\because \ \overline{PM} /\!/ \overline{AQ})$$
$$= \triangle ABM = \frac{1}{2}\triangle ABC$$

따라서, $\overline{PQ}$는 △ABC를 이등분합니다.

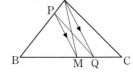

피카소의 작품에는 과학이 숨어 있다

만돌린을 든 여인

앉아있는 여인

피카소 시대의 과학

세기의 거장 피카소는 위대한 예술가로 유명하지만, 과학자 입장에서도 새로운 탐구 대상이다. 피카소는 20세기 과학혁명의 중심에서 기하학, 물리학 등에 심취했다. 전문가들은 이런 과학적 지식이 피카소의 작품을 바꿔나가게 됐다는 견해를 내놓는다.

피카소는 프랭세라는 아마추어 과학자와 절친한 사이였다. 프랭세는 유클리드 기하학이 아닌 비유클리드 기하학에 심취했으며 프랑스 과학자 푸앙카레의 『과학과 가설』과 같은 책을 즐겨 읽었다.

유클리드 기하학에서는 평행한 두 직선이 절대로 만날 수 없지만 비유클리드 기하학에서는 직선 2개가 만날 수 있다. 이는 100% 아주 평평한 공간이 실제 세계에서는 존재할 수 없으며 약간씩 구부러져 있는 경우가 많기 때문이다. 유클리드 공간 외의 다른 공간들이 존재한다는 푸앙카레의 주장에 매료된 프랭세는 독학으로 터득한 새로운 과학이론을 피카소를 비롯한 전위 예술가에게 강의했다. 피카소는 이러한 과학 강의에서 많은 영감을 받은 것으로 알려져 있다. (중략)　　　　　　　　　　　[인터넷 경향신문 : 2006년 05월 23일]

피카소(Pablo Ruiz y Picasso, 1881. 10. 25〜1973. 4. 8.)

20세기 최고의 예술가하면 떠오르는 화가가 아마도 피카소일 것입니다. 그는 1881년 스페인의 한 도시 말라가에서 태어났으며 8세 때부터 이미 유명한 예술가가 되어버린 천재 화가였습니다. 그는 끊임없는 열정과 샘솟는 실험정신으로 미적 영역의 새로운 공간을 창조하여 19세기 미술과 20세기 미술의 굵은 선을 그은 위대한 예술가입니다.

그의 작품은 대상을 한 면에서만 보지 않고 앞면, 옆면, 뒷면 등 여러 방향에서 관찰하여 그것을 한 평면에 그려내고 다시 대상의 실체를 정확하게 표현하기 위해 입체적으로 재구성하여 표현하고 있습니다. 하나의 화폭에 이처럼 다각적 시점을 넣는 이유는 그 사물을 정확히 표현하기 위해서입니다.

이명옥 사비나미술관장이 "과학자들이 보이지 않는 세계로 들어가 진리를 탐구하듯이, 피카소는 사물의 겉모습이 아닌 진실을 추구하고자 했다"라고 극찬했듯이 그는 비유클리드 기하학의 공간 개념을 예술로 표현한 화가라 할 수 있습니다.

피카소가 상대성이론을 직접 공부했다는 기록은 없지만 놀랍게도 그의 작품에는 많은 인물들이 3차원을 떠나 4차원적 구조를 띠고 있다는 것을 보여주고 있습니다.

4 | 아르키메데스의 기하학

아르키메데스(Archimedes, BC 287?~BC 212)

아르키메데스 역시 전 시대를 통틀어 가장 위대한 수학자라고 하여도 과언이 아닐 만큼 많은 업적을 남긴 그리스 수학자입니다. 아르키메데스는 시칠리아 섬에 있던 옛 그리스 도시 시러큐스(Syracuse)에서 천문학자의 아들로 태어났습니다.

지렛대의 원리, 부력의 원리, 구의 표면적과 부피, 원주율 등 주옥같은 과학적 정의를 남긴 아르키메데스는 로마가 시러큐스를 정복할 때 최후를 맞이하게 됩니다. 로마는 그 당시 강력한 힘으로 주변의 도시국가들을 대부분 점령하였지만, 작은 도시에 불과했던 시러큐스는 점령하지 못하고 오랜 시간을 끌었습니다. 그 이유는 바로 아르키메데스 때문이었습니다. 시러큐스 군대는 아르키메데스가 만든 도르래, 투석기 등을 이용하여 적군에게 돌을 던지고, 거울을 이용하여 불을 놓는 등 당시에는 볼 수 없었던 최첨단 과학 무기를 발명하여 거의 3년이라는 시간 동안 로마의 공격에 굳건하게 대항했습니다. 그러던 어느 날, 전쟁의 승리에 자만심이 넘친 시러큐스 시민들이 축제를 벌이느라 경계를 소홀히 한 틈을 타 로마는 간신히 시러큐스의 방어벽을 무너뜨리고 정복할 수 있었습니다. 로마의 장군 마르켈루스는 아르키메데스가 비록 적이긴 했지만 그에게 무한한 존경심을 갖고 있었습니다. 그래서 시러큐스에게 입성한 후에 제일 먼저 "이 훌륭한 수학자에게 절대로 손을 대지 말라!"는 명령을 내렸다고 합니다.

평소에 아르키메데스는 난로의 잿더미나 모래 쟁반 위에, 심지어는 목욕 후에 바르는 기름을 자기의 몸에 바른 후 그 위에 그림을 그리면서 기하학을 연구했다고 합니다. 그가 최후를 맞이하던 그 불운의 날에도 아르키메데스는 모래 위에 도형을 그려 놓고 무엇인가 몰두하고 있는 중이었습니다. 그런데 한 로마병사가 그의 앞으로 다가와 그림을 가리자 아르키메데스가 병사에게

"물러서라, 나의 도형을 밟지 마라!"라고 소리쳤습니다.

이 말에 화가 난 로마병사가 마르켈루스의 엄명을 어기고 그만 창으로 아르키메데스를 찌르고 말았습니다. 이 소식을 전해들은 마르켈루스는 깊은 슬픔에 잠겼습니다. 그는 아르키메데스를 시러큐스의 공동묘지에 영광과 존경을 바치며 정성껏 매장했습니다. 또한 그는 아르키메데스의 유언에 따라 아르키메데스가 발견한 기하학적 도형 중에서도 특히 대단한 긍지를 가지고 있던 도형을 묘비 위에 새겨 주었습니다. 그 도형이 바로 그 유명한 '직원기둥에 내접하는 구' 의 그림입니다.

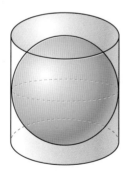

당시 아르키메데스의 나이는 75세였습니다. 만약 그가 그런 어이없는 죽음을 당하지 않았다면 로마인들에게도 창조의 불빛을 환히 밝혀주었을 것입니다. 그의 죽음으로 인해 수학의 세계는 수천 년 동안 암흑의 시대가 되었으며, 그리스 인의 뛰어난 두뇌에서 나온 기하학도 아르키메데스와 함께 무덤에 묻히고 말았습니다.

여류 수학자 히파티아

히파티아(Hypatia, 370?~415. 3.)

그리스를 정복한 로마인은 아르키메데스의 신무기와 기술은 받아들였음에도 불구하고 그것의 원천인 수학에 대해서는 전혀 관심을 보이지 않았습니다. 이러한 상황에서 아르키메데스에 의한 창조적 연구의 전통을 고수하려고 했던 것은 학대받던 그리스 인들뿐이었습니다. 그 마지막 사람이 아름다운 여성 수학자 히파티아입니다.

그녀는 알렉산드리아의 유명한 수학자 테온의 딸로 태어났습니다. 그녀는 수학사에 등장하는 최초의 여성으로 수학과 의학, 철학, 천문학에서 뛰어난 업적을 세웠고 그 업적만큼 빛나는 아름다운 외모를 가지고 있었습니다. 그러나 그녀는 일생을 독신으로 살았는데, 사람들이 그 이유를 물어오면 그녀는 "진리와 결혼했다"라고 대답하곤 했다고 합니다.

당시 알렉산드리아에는 기독교의 종교권력과 유대교 및 이교도들의 세속적 권력 다툼이 있었습니다. 기독교의 권위주의자 키릴루스 대주교는 철학자와 과학자, 수학자들을 모두 이교도로 단정하여 무자비한 탄압을 가하고 있었습니다. 히파티아도 마녀라는 모함과 박해를 당하다가 결국을 죽음을 당하고 맙니다.

그녀는 디오판토스의 산술과 디오판토스가 개발한 변수해법에 대해 알렉산드리아의 대학에서 강의를 맡아 많은 학생들의 존경을 받았습니다. 저서로는 『디오판토스의 천문학적 계산에 관하여』가 있는데 일부분만이 15세기 경 바티칸 도서관에서 발견되었습니다. 그 외에 『아폴리니우스의 원추곡선에 관하여』등이 있으나, 불행하게도 완전하게 보전되어 있는 것이 없습니다. 대부분 그녀가 살해된 뒤에 파손되었거나 약탈되었습니다. 이 때문에 그녀의 학문적 업적들은 오랫동안 묻혀 있다가 1,000년이 훨씬 지나서야 데카르트, 뉴턴, 라이프니츠 등 수학자에 의해 재발견되어 세상에 알려졌습니다.

역사가들은 히파티아의 죽음을 신의 시대인 고대의 종말과 종교적 광기의 중세 암흑시대로의 출발점으로 보았습니다. 또한 그리스 수학의 전통도 히파티아와 더불어 완전히 숨을 거두었고, 그리스 수학의 위대한 정신이 되살아나기까지 1,000년이라는 기나긴 세월이 흘러야 했습니다.

수학자 화이트헤드는 수학을 발달시키지 못한 로마를 빗대어 "로마에는 수학의 작도에 몰두했기 때문에 생명을 잃은 사람은 하나도 없다"라고 했습니다.

끈기로 원주율 π에게 도전하다

우주 공간을 구성하는 도형, 원

"원과 구, 이것들만큼 신성한 것에 어울리는 형태는 없다. 그러기에 신은 태양이나 달, 그 밖의 별들, 그리고 우주 전체를 구 모양으로 만들었고, 태양과 달 그리고 모든 별들이 원을 그리면서 지구둘레를 돌도록 하였던 것이다."

원과 구에 대한 그리스 최대의 철학자 아리스토텔레스의 찬사입니다. 고대 그리스 학자들은 원과 구를 신이 만든 가장 아름다운 도형으로 생각했습니다. 그만큼 원과 구에 대한 관심은 컸으며 그것들을 알기 위한 열정 또한 대단했습니다. 그럼 원이란 무엇일까요?

원의 정의는 '한 평면 위의 한 정점(원의 중심)에서 일정한 거리(반지름)에 있는 점들의 모임' 입니다. 그러므로 원은 반지름의 길이에 따라 크기만 달라질 뿐 모양은 모두 똑같습니다. 따라서 어느 원의 둘레와 지름의 비는 모든 원에 대하여 일정합니다. 이 값을 '원주율' 이라 하

일정한 거리
(반지름)
정점(원의 중심)

고, π라는 기호로 나타냅니다. 이 기호는 '둘레' 를 뜻하는 그리스어 '$\pi\epsilon\rho\iota\mu\epsilon\tau\rho o\varsigma$' 의 머리글자로, 18세기 스위스의 수학자 오일러가 처음으로 사용하여 지금까지 쓰고 있습니다. 그런데 원주율을 숫자로 표현하면 얼마이기에, 기호로 나타내고 있을까요?

π에 대한 관심은 아주 오래 전부터 시작되었습니다. 옛날 사람들에게도 π는 원의 둘레를 구하거나 원의 넓이를 구하기 위해 반드시 알아야 하는 값이므로 무척 알고 싶어 했지만 생각처럼 명확한 값을 알기가 어려워 비밀에 싸여있는 값이었습니다. π의

값을 얼마나 정확하게 알고 있는가가 그 사회의 발달 정도를 가늠하는 척도가 될 정도였습니다.

기원전 2천년경의 바빌로니아인은 3.125로, 고대 이집트 인은 3.1604로, 고대 인도 인들은 3.1416으로 사용했다는 기록이 전해지고 있습니다.

고대 이스라엘의 솔로몬 왕 시대에 사용하던 π에 대한 이야기는 기독교의 구약성서 역대기 하권 4장 1절~2절에서 찾아볼 수 있습니다.

"솔로몬은 청동 제단을 만들었는데, 길이가 스무 암마(한 뼘 길이), 높이가 열 암마였다. 그 다음에 그는 청동을 부어 바다 모형을 만들었다. 이 둥근 바다는 한 가장자리에서 다른 가장자리까지 지름이 열 암마, 높이가 다섯 암마, 둘레가 서른 암마였다."

라는 기록이 있습니다. 여기서 π를 구해보면,

$$\pi = \frac{\text{원의 둘레}}{\text{지름}} = \frac{30}{10} = 3$$

이 됩니다. 이렇듯 옛날부터 π의 값을 3에 가까운 수라 생각하고 있었던 모양입니다.

과연 옛 사람들은 "π의 값은 약 3이다"라는 것을 어떻게 알았을까요? 아마도 나무 기둥과 같이 둥근 모양의 물체의 둘레와 지름을 직접 재어보면서 알게 된 경험의 산물일 것입니다. 그러나 3보다 크다는 것은 원에 내접하는 정육각형만 그려보면 쉽게 알 수 있는 사실이기도 합니다.

원의 둘레는 지름의 약 3배 정도이다

오른쪽 그림과 같이 지름의 길이가 1인 원에 내접하는 정육각형을 그립니다. 정육각형의 둘레를 구하고, 원의 둘레와 어떤 관계가 있는지 설명하여 봅시다.

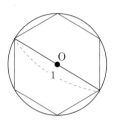

풀이

$\overline{OA} = \overline{OB} = \dfrac{1}{2}$ ($\because$ 원의 반지름이므로)

또, $\angle AOB = \dfrac{360°}{6} = 60°$ 따라서, $\triangle AOB$는 정삼각형입니다.

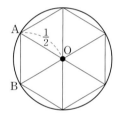

$\therefore$ (내접 정육각형의 둘레)$= 6 \times \overline{AB} = 6 \times \dfrac{1}{2} = 3$

그런데, (원의 둘레)$>$(내접 정육각형의 둘레)$= 3 \times$(원의 지름) ($\because$ 원의 지름$=1$이므로)

$\therefore$ (원의 둘레)$> 3 \times$(원의 지름)

따라서, 원의 둘레는 원의 지름의 3배보다 큽니다.

위 문제로 원둘레의 길이가 원의 지름의 3배보다 크다는 것을 확실하게 알게 되었습니다. "4보다는 큰가?"라는 질문에는 옛 사람들도 많은 고민을 하다가 "아니다."라는 결론을 내렸습니다. 3보다 크고 4보다 작은 수, 신의 사랑을 받는 원과 관련 있는 π가 그 당시 가장 아름답게 여겨지던 수로 나타낼 수 없다는 것에 옛 수학자들은 무척 당혹해 했습니다.

아르키메데스도 π에 대해 호기심을 가지고 있었습니다. 그래서 그도 π구하기에 도전장을 던졌습니다. 아르키메데스는 원의 둘레 측정이 직접적으로는 어려우니까 원에 내접하는 정다각형과 외접하는 정다각형을 그려 다각형의 둘레를 구하였습니다. 그럼

(내접 정n각형의 둘레)<(원의 둘레)<(외접 정n각형의 둘레)

임은 당연하므로, 이것을 이용하여 원의 둘레의 근사값을 알아낼 수 있었던 것이죠.

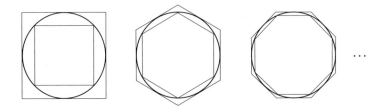

아르키메데스는 처음에 직접 원 위에 내접 정사각형과 외접 정사각형을 그려 정사각형들의 둘레를 구했습니다. 다음에는 정육각형을 그려보고 정십이각형, 정이십사각형, …을 그려보니 n값이 커질수록 다각형이 점점 원에 가까워진다는 것을 알아냈습니다. 그래서 정사십팔각형, … 마지막에 정구십육각형까지 직접 그려 그 값을 계산해보았다고 합니다.

(내접 96각형의 둘레)<(원의 둘레)<(외접 96각형의 둘레)

그런데 원의 둘레가 (지름×π)이므로

(내접 96각형의 둘레)<(지름×π)<(외접 96각형의 둘레)

$$\frac{(내접\ 96각형의\ 둘레)}{지름} < \pi < \frac{(외접\ 96각형의\ 둘레)}{지름}$$

지름과 다각형의 둘레를 직접 계산한 결과

$$3\frac{1}{7} < \pi < 3\frac{10}{71}$$

$$3.1408\cdots < \pi < 3.1428\cdots$$

즉, π는 약 3.1408과 3.1428… 사이에 있는 값입니다.

이렇게 해서 역사상 처음으로 아르키메데스가 π의 값을 소수점 이하 둘째 자리까지 정확히 구했던 것입니다. 더욱이 $3\frac{1}{7}$은 오늘날에도 π의 근사값으로 자주 쓰이고 있습니다.

아르키메데스가 보낸 π에 대한 도전장은 상당한 성공이라고 할 수 있습니다. 정구십육각형, 아르키메데스의 대단한 끈기와 열정이 획득한 결실입니다.

잠깐!

원주율과 원의 둘레

$$\pi(원주율) = \frac{(원의\ 둘레)}{(지름)}$$

$$(원의\ 둘레) = (지름) \times \pi$$

$$\pi \fallingdotseq 3.14$$

굴려라, 굴려!

한 변의 길이가 10m인 정육면체 모양의 상자 ABCD를 한 바퀴 굴려 옮기려고 합니다. 이때, $\overline{AB}$ 의 중점이 움직인 경로의 길이를 구하시오.

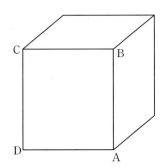

풀이

두꺼운 종이를 정사각형 모양으로 오려 평평한 곳에 대고 굴려 보면 쉽게 알 수 있습니다.

이 경로는 상자의 한 모퉁이를 중심으로 돌기 때문에 모두 원호를 이루며 굴러갑니다.

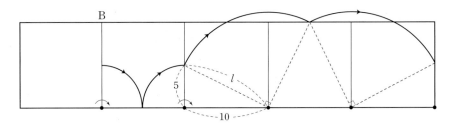

$$l = \sqrt{25 + 100} = \sqrt{125} = 5\sqrt{5}$$

$$10\pi \times \frac{1}{2} + 10\sqrt{5}\pi \times \frac{90°}{360°} \times 2 = 5\pi + 5\sqrt{5}\pi = 5(1+\sqrt{5})\pi \, (\mathrm{m})$$

옛 사람들에게는 그때까지 알고 있던 정수와는 다른 π라는 이상한 수로 인해 원의 둘레의 길이를 구하는 것이 어려웠습니다. 그래도 끈을 사용하면 원의 둘레의 측정치 즉, 근사값은 구할 수 있었습니다. 또 π를 정확히 알 수 없지만 나름대로 계산하여 얻은 값에 지름의 길이만 곱하면 구할 수 있었습니다. 그러나 원의 넓이를 구하는 것은 훨씬 더 어려운 일이었습니다.

원의 넓이 역시 그리스 시대 훨씬 이전부터 관심의 대상이었습니다. 기원전 2,000년경 고대 이집트의 수학책에는 원의 넓이에 대해 다음과 같이 쓰여 있었습니다.

"지름으로부터 그 9분의 1을 빼면 지름의 9분의 8이 남는다. 이것을 제곱하여라."

즉, 원의 넓이 $= \left(\dfrac{8}{9} \times 지름 \right)^2 = \dfrac{64}{81} \times (지름)^2$이라는 공식이 나옵니다.

고대 이집트 인은 아마도 원과 정사각형을 겹쳐서 그려보고 원 밖으로 나온 정사각형의 부분과 정사각형 밖으로 나와 있는 원의 부분이 거의 같아질 때가 정사각형의 한 변의 길이가 원의 지름의 $\dfrac{8}{9}$일 때라는 것을 발견하였던 모양입니다. 하지만 이것은 그저 비슷한 것 뿐이지 정확한 값은 아니었습니다. 그리스 수학자들은 이 사실을 알고 원의 넓이를 정확히 구하는 방법을 진지하게 연구하기 시작하였습니다.

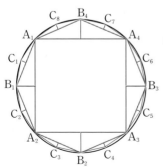

BC 430년경에 아테네 출신의 소피스트 안티폰은 다음과 같은 방법으로 원의 넓이를 구하였습니다.

(원의 넓이)

= (내접하는 정사각형 $A_1A_2A_3A_4$의 넓이)

+ (이등변삼각형 $A_1B_1A_2$의 넓이) × 4

+ (이등변삼각형 $A_1C_1B_1$의 넓이) × 8 + ⋯

우선 내접하는 정사각형을 그려 넓이를 구하고, 각 변 위로 이등변삼각형을 만들어 넓이를 구한 다음 더해주고, 또 각 삼각형의 변에 이등변삼각형을 만들어 그 넓이들을 더하고…. 이렇게 한없이 더해 가면 마침내 원의 넓이와 같아진다는 것입니다. 이것은 훗날 적분법의 토대가 되는 구분구적분의 시초라고 할 수 있습니다. 구분구적분이란 넓이나 부피를 구할 때, 주어진 도형을 작은 n개의 기본도형(직사각형, 원기둥 등)으로 세분하고 세분된 기본도형의 넓이나 부피의 합으로 근사값을 구하여 이 근사값의 근사값으로 넓이나 부피를 구하는 방법을 말합니다. 그 당시에 이것은 기발한 생각이었지만, 터무니없이 작아지는 이등변삼각형의 넓이 계산이 너무 복잡해지므로 사람의 두뇌로는 정확한 셈을 하기가 어려웠습니다. 그래서 안티폰 자신도 중간에 포기를 하고야 말았습니다.

그 후 아르키메데스는 이 안티폰의 방법을 조금 개량하여 원의 넓이를 구하는 방법을 발표하였습니다. 아르키메데스는 원의 둘레에서 소개되었던 방법으로 원의 넓이를 구했던 것입니다.

원에 내접 정n다각형과 외접 정n다각형을 그리면

(내접 정n각형의 둘레) < (원의 둘레) < (외접 정n각형의 둘레)

이 당연하듯이

(내접 정n각형의 넓이) < (원의 넓이) < (외접 정n각형의 넓이)

도 당연합니다.

반지름의 길이가 r인 원에 내접 정n각형과 외접 정n각형을 그리면,

(내접 정n각형의 넓이)

$= n \cdot (\triangle \text{OAB의 넓이})$

$= n \times \left(\dfrac{1}{2} \cdot \overline{\text{AB}} \cdot \overline{\text{OM}} \right)$

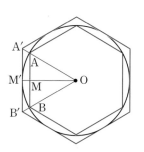

$$=\frac{1}{2}\times n\cdot\overline{AB}\cdot\overline{OM}$$

$$=\frac{1}{2}\times(\text{내접 정}n\text{각형의 둘레})\times\overline{OM}<\frac{1}{2}\times(\text{원의 둘레})\times r \cdots ①$$

$(\because (\text{내접 정}n\text{각형의 둘레})<(\text{원의 둘레})\text{이고}, \overline{OM}<r\text{이므로})$

또, $(\text{외접 정}n\text{각형의 넓이})=n\cdot(\triangle OA'B'\text{의 넓이})$

$$=n\times\left(\frac{1}{2}\cdot\overline{A'B'}\cdot\overline{OM'}\right)$$

$$=\frac{1}{2}\times n\cdot\overline{A'B'}\times\overline{OM'}$$

$$=\frac{1}{2}\times(\text{외접 정}n\text{각형의 둘레})\times\overline{OM'}>\frac{1}{2}\times(\text{원의 둘레})\times r \cdots ②$$

$(\because (\text{외접 }n\text{각형의 둘레}>\text{원의 둘레})\text{이고}, \overline{OM'}>r\text{이므로})$

①, ②에 의해

$(\text{내접 정}n\text{각형의 넓이})<\frac{1}{2}r(\text{원의 둘레})<(\text{외접 정}n\text{각형의 넓이})$

n값이 커질수록 $\frac{1}{2}r(\text{원의 둘레})$는 원의 넓이에 가까워지므로

$(\text{원의 넓이})=\frac{1}{2}r(\text{원의 둘레})$

가 되는데, $(\text{원의 둘레})=2\pi r$이므로 $(\text{원의 넓이})=\frac{1}{2}r\times2\pi r=\pi r^2$입니다.

이렇게 해서 지금까지 우리가 사용하고 있는 원의 넓이 공식이 탄생하였습니다.

그런데 여기서 잠시 $\frac{1}{2}r\times(\text{원의 둘레})$을 잘 살펴보면 삼각형의 넓이 공식과 같다는 것을 알 수 있습니다. 즉 원의 넓이는 반지름을 높이, 원의 둘레를 밑면으로 하는 직각삼각형의 넓이와 같다는

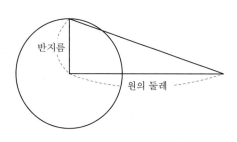
반지름
원의 둘레

것을 알 수 있습니다.

아르키메데스는 이 방법을 일명 '착출법(우유를 짜듯이 내용물을 몽땅 짜내는 방법)' 이라 불렀습니다.

안티폰의 방법과 아르키메데스의 방법에는 다소 차이가 있지만 두 개의 방법 모두 현대 과학에서 아주 다양하게 응용되고 있는 '미적분' 의 선구자라고 할 수 있습니다. 미적분의 기본 개념인 '무한' 이라는 개념을 시도했기 때문입니다. 하지만 당시 그리스 사람들은 무한의 개념을 받아들이지 않았습니다. 피타고라스 학파가 수는 정수(또는 정수의 비) 이외에는 절대로 없다는 생각에 사로잡혀 무리수의 발견을 무시해버렸듯이, 무한의 세계에도 마음의 문을 굳게 닫아버리고 받아드리지 않았던 것입니다. 그러다가 몇 세기가 흐른 후에야 무리수나 무한의 세계가 인정받아 인류 문명에게 또 다른 세계의 문을 열어 주었고 발전을 할 수 있었던 것이지요.

"내가 알고 있는 것이 전부이다" 라는 고정 관념과 폐쇄성에서 벗어나서 좀 더 열린 마음으로 생각한다면, 더 많은 것을 얻을 수 있고 삶도 훨씬 풍요로워진다는 것을 일깨워 주는 교훈입니다.

안티폰과 아르키메데스의 원의 넓이 구하기 대결

반지름이 1인 원으로 안티폰의 방법과 아르키메데스의 방법으로 원의 넓이를 구하여 보고, 두 방법의 차이점과 공통점에 대해 논하여봅시다. (단, 안티폰은 한번만 이등변삼각형을 만들어 구하고, 아르키메데스는 정육각형에서 구하여 보는 것으로 합니다. 또 $\sqrt{2}=1.4$, $\sqrt{3}=1.7$로 계산합니다.)

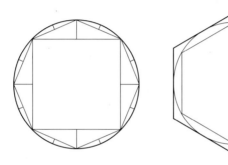

 풀이

1. 안티폰의 방법

△AOD는 직각이등변삼각형이므로 피타고라스 정리에 의하여

$$\overline{AD}^2=1^2+1^2=2 \qquad \therefore \overline{AD}=\sqrt{2}$$

따라서 (정사각형 ABCD의 넓이)$=\sqrt{2}\times\sqrt{2}=2 \cdots$ ①

또 △AOH도 직각이등변삼각형이고,

$$\overline{AH}=\frac{AD}{2}=\frac{\sqrt{2}}{2}$$ 이므로 $\overline{OA}^2=\overline{AH}^2+\overline{OH}^2$에서

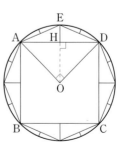

$$\overline{\text{OH}}^2=1^2-\left(\frac{\sqrt{2}}{2}\right)^2=\frac{1}{2} \quad \therefore \overline{\text{OH}}=\frac{1}{\sqrt{2}}=\frac{\sqrt{2}}{2}$$

따라서, $\overline{\text{EH}}=\overline{\text{OE}}-\overline{\text{OH}}=1-\frac{\sqrt{2}}{2}$ 그러므로

$$\triangle\text{AED}=\frac{1}{2}\times\sqrt{2}\times\left(1-\frac{\sqrt{2}}{2}\right)=\frac{\sqrt{2}-1}{2} \quad \cdots \quad ②$$

①, ②에 의하여 (원의 넓이)＞□ABCD＋4×△AED

$$=2+4\times\frac{\sqrt{2}-1}{2}=2\sqrt{2}\fallingdotseq2.8 \quad \cdots \quad ③$$

2. 아르키메데스의 방법

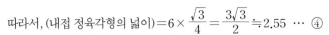

△OAB는 한 변이 길이가 1인 정삼각형이므로

$$\overline{\text{OM}}^2=\overline{\text{OA}}^2-\overline{\text{AM}}^2=1-\frac{1}{4}=\frac{3}{4}$$

$$\therefore \overline{\text{OM}}=\frac{\sqrt{3}}{2}$$

$$\therefore \triangle\text{OAB}=\frac{1}{2}\times1\times\frac{\sqrt{3}}{2}=\frac{\sqrt{3}}{4}$$

따라서, (내접 정육각형의 넓이)$=6\times\frac{\sqrt{3}}{4}=\frac{3\sqrt{3}}{2}\fallingdotseq2.55 \quad \cdots \quad ④$

△OA′M′는 ∠O＝30°, ∠A′＝60°인 직각삼각형이므로

$$\overline{\text{OA}'}:\overline{\text{OM}'}:\overline{\text{A}'\text{M}'}=2:\sqrt{3}:1$$

이다. 그런데 $\overline{\text{OM}'}=1$이므로 $\overline{\text{OA}'}=\frac{2}{\sqrt{3}}=\frac{2\sqrt{3}}{3}$, $\overline{\text{A}'\text{M}'}=\frac{1}{\sqrt{3}}=\frac{\sqrt{3}}{3}$

$$\therefore \triangle\text{OA}'\text{B}'=\frac{1}{2}\times\left(2\times\frac{\sqrt{3}}{3}\right)\times1=\frac{\sqrt{3}}{3}$$

따라서, (외접 정육각형의 넓이)$=6\times\frac{\sqrt{3}}{3}=2\sqrt{3}\fallingdotseq3.4 \quad \cdots \quad ⑤$

④, ⑤에 의하여, 2.55＜(원의 넓이)＜3.4 $\quad \cdots \quad ⑥$

위의 결과 ③, ⑥과 원의 진짜 넓이 $\pi r^2 = \pi \fallingdotseq 3.14$ 와 비교하면 둘 다 거의 근사치에 가까운 값이 나왔지만 안티폰의 경우는 최소값만 구해지므로 원의 넓이의 근사값을 구하기가 최소 · 최대값을 갖는 아르키메데스 방법보다 막연합니다.

또 안티폰의 경우 세 번째 단계의 이등변삼각형 $\triangle AFE$를 그렸을 때, $\overline{EH} = 1 - \dfrac{\sqrt{2}}{2}$, $\overline{AH} = \dfrac{\sqrt{2}}{2}$ 이므로 $\overline{AE}$ 의 길이를 계산하는 것이 무척 복잡할 것이 예상됩니다.

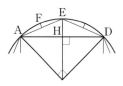

즉, 아르키메데스 방법으로 다각형의 넓이를 구하는 것이 훨씬 쉽다는 결론이 나옵니다. 하지만 이 두 방법 모두 무한의 개념을 처음으로 시도했다는데 그 의의가 큽니다. 무한의 개념에서 출발하여 발달한 미적분은 불규칙한 곡선으로 이루어진 도형의 넓이나 부피를 쉽게 구할 수 있게 해줘 우리 생활에 여러 가지 편리함과 발전을 제공해주기 때문입니다.

잠깐!

특수 직각삼각형의 길이의 비

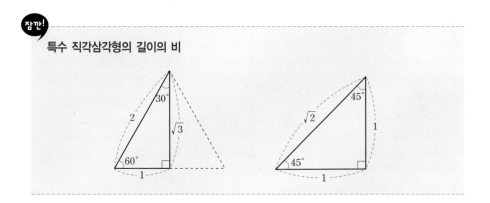

영원히 간직하고 싶은 조화로운 비

묘비에 얽힌 이야기에서처럼 아르키메데스가 죽어서
도 가지고 가고 싶을 만큼 소중하게 여겼던 것은 다름 아
닌 '구의 부피계산법' 이었습니다. 그의 유언에 따라
BC 212년에 구와 원기둥의 도면을 그의 묘
비에 새겼고, 그로부터 150년 후에 로마의
유명한 웅변가 키케로가 그의 무덤을 발견하

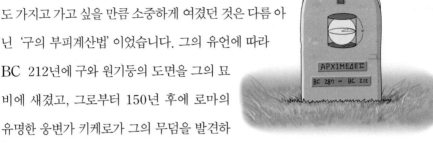

고 무성한 덩굴과 두껍게 쌓인 먼지를 치워 주었다고 전합니다.

그토록 아르카메데스가 소중하게 여긴 그 그림이 어떻게 해서 나오게 되었는지 알
아보도록 합시다.

아르키메데스의 발견 1

"두 밑면을 제외한 직원기둥의 겉넓이는 직원기둥의 밑면의 지름과 그 높이 사이의
비례중항을 지름으로 갖는 원의 넓이와 같다."

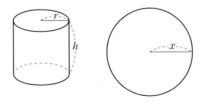

여기서 비례중항이란 비례식에서 내항의 값이 같을 때, 이 내항을 일컫는 말로, 예
를 들어 $a:b=b:c$에서 비례중항은 b가 되는 것입니다.

즉, 밑면의 반지름이 r이고 높이가 h인 직원기둥이 있을 때, r과 h의 비례중항은

116

$$h:x=x:2r$$

을 만족하는 x의 값을 의미합니다. 따라서 원기둥의 옆면의 겉넓이는 반지름의 길이가 $x^2=2rh$ $\therefore x=\sqrt{2rh}$

인 원의 넓이와 같다는 것입니다. 따라서

(원기둥의 옆면의 겉넓이)$=\pi x^2=2\pi rh$

이것은 원기둥의 전개도를 그려 계산했을 때와 같은 결과를 가져옵니다.

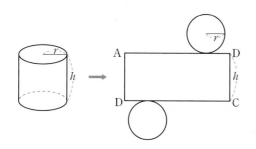

$\overline{AD}=$(밑면의 원의 둘레)$=2\pi r$

$\therefore$ (직원기둥의 옆면의 넓이)

    $=$(직사각형 ABCD의 넓이)

    $=2\pi rh$

아르키메데스의 발견 2

"임의의 구의 겉넓이는 구의 대원 넓이의 4배이다."

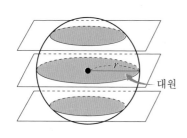

여기서 대원이란 구의 지름과 수평하게 잘랐을 때, 단면 중 가장 큰 원을 말합니다. 즉, 반지름이 r인 구를 생각하면 그 대원의 넓이는 πr^2이므로

(구의 겉넓이)$=4\pi r^2$이 됩니다.

아르키메데스는 원의 넓이를 구할 때처럼 구의 표면적을 아주 작게 잘라 그 표면적들을 합하여 구했습니다. 직접 다음과 같은 실험을 해보면 이를 간단히 알 수 있습니다.

우선 반구의 표면을 자르는 대신 가는 줄을 이용하여 감습니다. 그 길이의 두 배가 되는 줄을 다시 원모양으로 평면에 펼치면 반지름이 $2r$인 원이 됩니다. 이 원의 넓이 $4\pi r^2$이므로 구의 대원의 넓이의 4배와 같아집니다.

  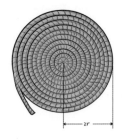

아르키메데스의 발견 3

"구의 부피는 대원을 밑면으로 하고 구의 반지름을 높이로 하는 원뿔의 부피의 4배 와 같다."

대원을 밑면으로 하고 구의 반지름을 높이로 하는 원뿔은 그림과 같이 밑면의 반

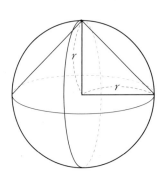

지름이 r이고 높이도 r이 됩니다. 따라서,

(원뿔의 부피)

$= \dfrac{1}{3} \times$ (원기둥의 부피)

$= \dfrac{1}{3} \times \pi r^2 \times r = \dfrac{1}{3}\pi r^3$

그런데 구 안에 원뿔이 4개 들어갈 수 있으므로 구의 부피는

$$(구의 부피) = \frac{4}{3}\pi r^3$$

이 됩니다.

원뿔의 부피는 원기둥의 $\frac{1}{3}$배?

원뿔의 부피는 밑면의 크기가 같고 높이가 같은 직원기둥 부피의 $\frac{1}{3}$배이다. 이것은 고대 그리스 최대의 자연철학자 데모크리토스(Demokritos, BC 460? ~ BC 370?)가 다음의 그림과 같이 직접 부피를 물로 측정하여 발견하였다. 그는 트라키아 지방의 압데라 출생 으로 낙천적인 기질 때문에 '웃는 철학자(Gelasinos)'라는 별명이 있었다고 한다.

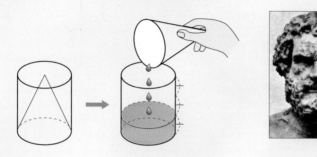

아르키메데스가 영원히 간직한 도형의 조화

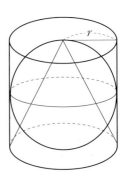

　지금까지의 발견들을 토대로 아르키메데스는 생전에 그토록 소중히 여기던 아름다운 도형의 조화를 발견하게 되었습니다. 이것을 직접 한번 구해서 알아보도록 합시다.

　그림과 같이 원기둥에 반지름이 r인 구와 밑면과 높이가 같은 원뿔이 내접해 있습니다. 원기둥, 구, 원뿔의 부피의 비를 구하여 봅시다.

풀이

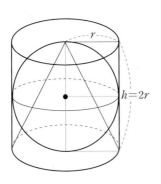

원기둥은 구에 외접하므로 밑면의 반지름 r, 높이는 $2r$이므로

$\therefore$ (원기둥의 부피)$=\pi r^2 \times 2r = 2\pi r^3$

또, 구의 반지름은 r이므로 (구의 부피)$=\dfrac{4}{3}\pi r^3$

마지막으로 원뿔은 밑면의 반지름 r, 높이 $2r$이므로

(원뿔의 부피)$=\dfrac{1}{3}\pi r^2 \times 2r = \dfrac{2}{3}\pi r^3$

따라서, (원기둥의 부피) : (구의 부피) : (원뿔의 부피)

$=2\pi r^3 : \dfrac{4}{3}\pi r^3 : \dfrac{2}{3}\pi r^3 = 2 : \dfrac{4}{3} : \dfrac{2}{3}$

$=6 : 4 : 2 = 3 : 2 : 1$

원기둥의 부피

원기둥을 한없이 잘라 이어 붙이면 오른쪽 그림과 같이 각 기둥에 근사한 도형이 된다. 따라서, (원기둥의 부피)=(원기둥의 밑면의 넓이)×(높이)=$\pi r^2 h$

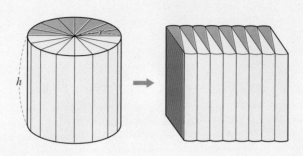

이와 같이 아르키메데스는 원기둥과 구의 비를 구하여 3:2 라는 비를 얻었습니다. 또 부피뿐만 아니라 겉넓이의 비도 구하였는데

(원기둥의 겉넓이)=(옆면의 넓이)+(밑면의 넓이)×2

$= (2\pi r \times 2r) + (\pi r^2) \times 2 = 4\pi r^2 + 2\pi r^2 = 6\pi r^2$

(구의 겉넓이)=$4\pi r^2$

∴ (원기둥의 겉넓이) : (구의 겉넓이)=$6\pi r^2 : 4\pi r^2 = 6:4 = 3:2$

로 부피의 비와 같은 3:2라는 비를 얻었습니다.

그 당시 학자들은 "만물은 수이다"라고 피타고라스의 주장처럼 우주는 수(數)의 조화로 이루어져 있으며 그 중에서도 1, 2, 3, …과 같은 자연수가 그 기본을 이룬다고 생각했습니다. 그런데 자연수로만 이루어진 3:2라는 비가 두 도형에서 나왔으니 아르키메데스가 "과연 아름다운 도형의 조화군!"하며 기쁨을 감추지 못했을 것입니다. 그러니 늘 간직하고 싶은 마음에 자신의 묘비에 그려달라고 유언을 남긴 것이지요.

입체도형의 부피나 겉넓이로 생활의 지혜를 발견하다

다음 제시문을 잘 읽고 다음 물음에 답하시오.

[제시문 가]

　생활수준이 향상되면서 우리가 식사를 통해 섭취하는 지방질의 양이 늘어나고 있다. 흔히 기름기라고도 불리는 지방질은 다양한 음식을 통해 섭취할 수 있는데, 기름기가 많으면 소화가 잘 안 되는 것으로 알려져 있다. 그런데 같은 지방질임에도 불구하고 마요네즈와 마가린은 비교적 소화가 잘된다. 왜냐하면 마요네즈는 다른 지방질에 비해 그 알갱이가 아주 작기 때문이다. 위장이 영양분을 소화시킬 때 음식이 소화액에 접촉되는 면이 넓을수록 소화가 잘 된다. 왜 같은 양의 지방인데 알갱이가 작으면 소화가 잘 되는 것일까?

[제시문 나]

　휘발유 통, 음료수 캔, 보온병 등 액체를 담는 용기가 있다. 액체를 담는 용기들은 대부분 원기둥 모양으로 되어 있다는 데 대해 관심을 가져 본 적이 있는가? 용기를 만들 때는 언제나 재료를 적게 들이고도 많은 양의 액체를 담을 수 있도록 해야 한다. 다시 말하면 같은 재료로 가장 많이 담을 수 있는 용기를 만들어야 한다.

　높이는 일정하고 밑면의 넓이가 같은 밑면의 모양이 다른 세 개의 용기를 가지고 실험한 결과……. (중략) 그러므로 같은 양의 액체를 담을 수 있고 높이가 같은 용기들 가운데서 원기둥 모양의 용기가 그 옆면에 드는 재료가 가장 적다. 그래서 휘발유

통이나 보온병 등 액체를 담는 용기는 대부분이 원기둥 모양으로 되어 있는 것이다.

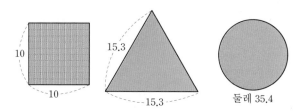

원기둥 모양보다 재료가 더 적게 드는 모양은 없겠는가? 있다. 수학적 원리에서 보면 같은 재료로 만든 용기들 가운데 구 모양 용기의 용적이 원기둥 모양의 용기보다 더 크다. 즉 구 모양의 용기를 만들면 재료가 더욱 절약된다. 그러나 구 모양의 용기는 잘 구르기 때문에 불안정하며 덮개도 만들기 어렵다. 그러므로 구 모양의 용기는 실용적이지 못하다.

함, 상자, 궤 등과 같이 고체를 넣는 용기는 왜 원기둥 모양으로 만들지 않는 것일까? 원기둥 모양의 용기를 만들면 재료는 비록 적게 들지만 고체와 같은 물건을 넣기에는 적당하지 않기 때문에 고체를 넣는 용기는 일반적으로 직육면체 모양으로 만든다.

[제시문 다]

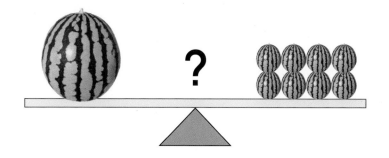

매일 사용하는 세숫비누나 두루마리 화장지는 처음에는 아무리 써도 줄어들 것 같

지 않다. 그러다가 뭉치가 작아지기 시작하면 금방 닳아 없어지고 만다. 이 두 가지 경우는 똑같은 원리에 의해 일어난다. 즉 닳음비와 넓이의 비, 부피의 비의 관계가 그것이다. 비누의 가로·세로·높이의 길이가 각각 처음의 $\frac{1}{2}$로 줄어들면 그 비누의 부피는 $\frac{1}{8}$로 줄고, 두루마리의 반지름이 $\frac{1}{2}$일 때 그 두루마리 화장지의 길이(두루마리의 밑면)는 $\frac{1}{4}$이 된다.

과일 가게에서 과일을 고를 때에도 닳음비를 알고 있으면 이득을 본다. 수박을 살 때, 반지름이 $\frac{1}{2}$인 수박 8통과 반지름이 1인 수박 1통 중 어느 것을 선택할 것인가?

(1) [제시문 가]의 내용에 대해 타당한 논리를 말하여 봅시다.

(2) [제시문 나]의 중략된 부분에 어떤 수학적 증거로 액체를 담는 용기로 원기둥이 선택되었는지 설명하여 봅시다.

(3) [제시문 다]와 같은 입장에 처하면 어느 쪽을 택할 것인지 설명하여 봅시다.

풀이

(1) 반지름이 R인 구 모양의 지방 덩어리의 부피는 $\frac{4}{3}\pi R^3$이고, 겉넓이는 $4\pi R^2$입니다. 이 지방 덩어리를 여덟 개의 알갱이로 잘게 부수어 이 알갱이의 반지름을 r이라 하면

$$\frac{4}{3}\pi R^3 = 8 \times \frac{4}{3}\pi r^3 \Leftrightarrow R^3 = 8 \times r^3 = (2r)^3$$

입니다.

R과 r은 양수이므로 $R = 2r$, 곧 $r = \frac{R}{2}$이 됩니다. 따라서 우리가 구하는 겉넓이는 $8 \times 4\pi\left(\frac{R}{2}\right)^2 = 2 \times 4\pi R^2$이 되어서 2배 불어나게 되는 것입니다. 즉 알갱이가 작

을수록 부피는 변함이 없지만 전체 겉넓이가 커집니다. 그래서 알갱이가 울퉁불퉁하

고 잘게 부수어진 음식이 겉넓이가 크기 때문에 소화가 잘 되는 것입니다.

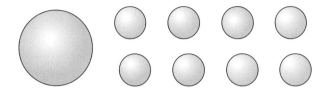

(2) 넓이가 똑같이 100cm^2이라고 하면,

(정사각형의 둘레)$=40(\text{cm})$

정삼각형의 한 변의 길이를 x라 하면 $\dfrac{\sqrt{3}}{4}x^2=100$

$\therefore x^2=\dfrac{400}{\sqrt{3}}\fallingdotseq235.3 \quad \therefore x\fallingdotseq15.3$

$\therefore$ (정삼각형의 둘레)$\fallingdotseq45.9(\text{cm})$

원의 반지름을 r이라 하면 $\pi r^2=100 \Rightarrow r^2=\dfrac{100}{\pi} \quad \therefore r\fallingdotseq5.6$

$\therefore$ (원의 둘레)$\fallingdotseq35.4(\text{cm})$

따라서 같은 넓이에 둘레가 가장 작은 원으로 밑면을 만들어야 재료가 가장 적게 들

면서도 같은 양이 들어갈 수 있으므로 경제적입니다.

(3) 닮음의 비가 $2:1$이므로 부피의 비는 $8:1$입니다. 따라서 큰 수박 한 통과 작은 수박

8통의 양은 같은 셈입니다. 그런데 작은 수박의 가격이 큰 수박 가격의 $\dfrac{1}{8}$일리는 없을

테니까 크기가 작은 수박을 사는 것이 손해입니다.

5 아폴로니우스의 기하학

아폴로니우스(Apollonius, BC 262 – BC 190)

　고대 그리스 학자들 중에서는 순수하게 수학자라고 불릴만한 사람이 드뭅니다. 탈레스는 자연철학자이고, 피타고라스도 종교철학자의 색체가 강합니다. 순수한 수학자로 불릴만한 사람은 유클리드, 아르키메데스 그리고 아폴로니우스 정도를 들 수 있습니다. 이 세 명을 일컬어 '그리스의 3대 수학자'로 불립니다. 이번 장에서는 아폴로니우스에 대해서 배워보기로 합니다.

　아폴로니우스는 8권에 달하는 『원추곡선론』의 저자이며, 근대 '해석기하학'의 기반을 마련한 인물로 수학사에서 결코 무시할 수 없는 존재입니다. 아폴로니우스에 대한 기록은 전해지고 있는 것이 거의 없습니다. 그의 생애는 『원추곡선론』의 서문에서 짧게 나오고 있는 정도입니다. 아폴로니우스는 아르키메데스보다 40년 정도 뒤에 활약했던 수학자로, BC 262년경 소아시아의 페르가(Perga, 현재 터키의 한 마을)에서 태어났기 때문에 그는 '페르가의 아폴로니우스'라고도 불립니다.

　『원추곡선론』에 의하면 그는 이집트 프톨레마이오스 3세 은혜왕과 프톨레마이오스 4세 애부왕의 시대에 유클리드의 제자들과 함께 알렉산드리아 대학에서 수학을 연구하고 뒤에 그곳에서 교수가 되었다고 합니다. 그 외에 아폴로니우스가 언제 어디서 죽었는지조차 알려지지 않고 있습니다. 아마도 그의 말년은 매우 불우하지 않았을까 막연히 짐작을 할 뿐입니다.

　그는 총 8권에 걸쳐 『원추곡선론』을 썼는데, 1~4권은 그리스어로 전하며, 5~7권은 아라비아어로 전하여지나, 여덟 번째 책은 분실되었습니다. 이 『원추곡선론』은 기원전 200년경에 쓰인 것으로, 지금 전해지는 것은 원본이 아닌 1536년 교황 폴 3세에 의해 만들어진 복사본입니다. 그리스 수학 원고 중에서 가장 우아하다고 할 수 있습니다.

기원전 4세기경부터 그리스인들은 원 외에 여러 가지 곡선에 관한 연구를 하였습니다. 유클리드의 『기하학 원론』의 유실된 네 부분이 바로 타원, 쌍곡선, 포물선 등을 다룬 것이라 전해집니다. 타원(원 포함), 포물선, 쌍곡선을 흔히 원뿔곡선(conic sections)이라 부르는데 그 이유는 이들 곡

원뿔곡선론의 복사본 중 일부

선이 원뿔을 여러 각도의 평면으로 잘라 생긴 단면에서 나타나기 때문입니다. 타원, 포물선, 쌍곡선 등은 그리스 수학에 있어서 가장 복잡하고 어려운 연구로 꼽힙니다.

『원추곡선론』은 바로 이 세 가지 도형에 대해 자세하고 깊이 있게 연구한 저서로 수학사에서 결코 빠지면 안 되는 이론을 담은 책입니다. 그러나 그 당시에는 별로 관심을 끌지 못하다가 15세기 이후 해석기하학이 탄생하면서 그 의미가 새롭게 부각되었고 지금은 여러 방면으로 유용하게 이용되는 이론으로 자리를 굳혔습니다.

| 아폴로니우스 생각 1 | **원뿔을 자르면 재미있는 도형이 나온다**

기원전 5세기경 고대 그리스의 아테네에 전염병이 돌아 많은 사람이 죽어갔습니다. 고통에 시달리던 아테네 시민들은 델로스의 신전에 모여 그의 신 아폴로에게 전염병이 퍼지는 것을 멈추게 해달라고 간절히 기도했습니다.

오랜 기도 끝에 아폴로 신에게서 "정육면체 모양인 아폴로 제단의 부피를 2배로 늘리면 전염병을 멈추게 해 주겠다"라는 신탁을 받은 그리스인들은 자와 컴퍼스를 사용해서 정육면체를 작도하려고 열심히 시도했으나 결국은 실패로 끝나고 말았습니다.

아폴로 신

전설에 의하면 이 전염병은 메나에크무스가 원뿔곡선을 이용하여 두 개의 해답을 발견한 BC 365~BC 380년경까지 계속되었다고 합니다.

유클리드의 기하학에서 언급했듯이
① 임의로 주어진 각을 3등분하라.
② 주어진 정육면체의 두 배의 부피를 갖는 정육면체를 작도하라.
③ 주어진 원과 같은 넓이를 갖는 정사각형을 작도하라.
라고 하는 3가지 어려운 난제에 그리스 학자들은 약속이라도 한듯 연구에 몰두했습니다. 하지만 눈금 없는 직선 자와 컴퍼스, 곧 직선과 원만 사용해야 한다는 제약 속에서는 절대로 해결할 수 없는 것이 아닌가 하는 의심이 점점 강해졌습니다. 그리하여 사람들은 점차 직선과 원이 아닌 다른 도형에 눈을 돌리게 되었습니다.

이러한 상황에서 유클리드의 제자이며 플라톤의 친구였던 메나이크모스가 원뿔에 대해 관심을 가지고 연구하기 시작했습니다. 그는 인도에서 이탈리아에 이르는 대제국을 건설한 알렉산더 대왕의 수학 선생님이기도 했습니다. 메나이크모스는 여러 가지 모양으로 이중직원뿔을 모선에 수직인 평면으로 잘라 보았는데, 원뿔의 모양에 따라 그 잘린 단면이 다르다는 사실을 알아냈습니다. 그리고 그 모양은 꼭지점에서 모선이 이루는 각(꼭지각)의 크기에 따라 달라진다는 사실도 밝혀냈습니다. 모선에 수직인 평면으로 자르면 꼭지각이 예각인 경우에는 타원이 생기고, 꼭지각이 직각인 경우에는 포물선이, 또 꼭지각이 둔각인 경우에는 쌍곡선이 나왔습니다. 그러나 메나이크모스가 이런 도형들의 이름을 타원, 포물선, 쌍곡선으로 불렀던 것은 아닙니다. 그는 이 도형의 이름을 단지 '예각원뿔의 절단면', '직각원뿔의 절단면', '둔각원뿔의 절단면'이라 불렀습니다.

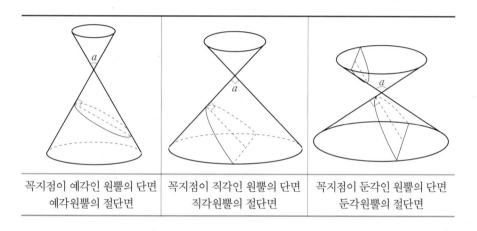

꼭지점이 예각인 원뿔의 단면 예각원뿔의 절단면	꼭지점이 직각인 원뿔의 단면 직각원뿔의 절단면	꼭지점이 둔각인 원뿔의 단면 둔각원뿔의 절단면

원뿔곡선은 이렇게 델로스의 문제를 해결하기 위해 연구하던 중 메나이크모스가 탄생시킨 새로운 곡선입니다.

잠깐!

이중 직원뿔이란?

공간의 임의의 한 점 O를 지나는 밑면 수직인 직선 m과 또 다른 임의의 직선 l이 상대적인 위치를 유지하면서 직선 m을 축으로 하여 직선 l을 1회전시킬 때 직선 l이 그리는 도형을 이중 직원뿔이라 하며, 점 O를 꼭지점, 직선 l의 임의의 위치를 그 모선이라 한다.

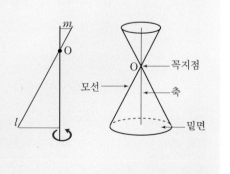

아폴로니우스는 메나이크모스의 발견을 기초로 원뿔곡선에 대해 체계적인 정리를 완성시켰습니다. 우선 둘의 큰 차이점은 메아니크모스와 같이 여러 가지 직원뿔의 모선을 자르지 않고, 하나의 직원뿔을 모선을 수직인 평면으로 잘라 원뿔곡선을 만들어 냈습니다.

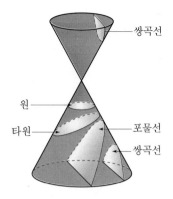

또한 원뿔의 밑면과 모선이 이루는 각과 원뿔의 축에 대한 잘린 단면과 원뿔의 밑면이 이루는 각의 크기(즉, 잘린 단면의 기울기와 모선의 기울기)를 비교하여 지금 우리가 사용하고 있는 이름을 붙여주었던 것입니다.

직원뿔의 밑면과 모선이 이루는 각을 ϕ, 잘린 평면과 원뿔의 밑면이 이루는 각을 θ라 하면,

$\theta=0$일 때 $\Rightarrow$ 원

$\theta=\phi$일 때 $\Rightarrow$ 포물선(parabole)

　　　　　　(어원 : 일치하다(parabole))

$\theta<\phi$일 때 $\Rightarrow$ 타원(ellipse)

　　　　　　(어원 : 모자라다(ellipsis))

$\theta>\phi$일 때 $\Rightarrow$ 쌍곡선(hyperbola)

　　　　　　(어원 : 남다(hyperbol))

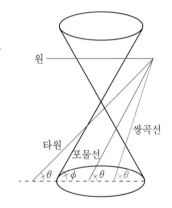

위와 같이 아폴로니우스는 하나의 직원뿔에서 평면으로 잘라 얻은 곡선 세 가지를 모두 구하였고, 이름까지 붙여서 이것에 대해 상세하게 연구해 원뿔곡선의 성질을

총망라하였으며 마침내 『원뿔곡선론, Conic Sections』이라는 위대한 저서를 남기게
된 것입니다.

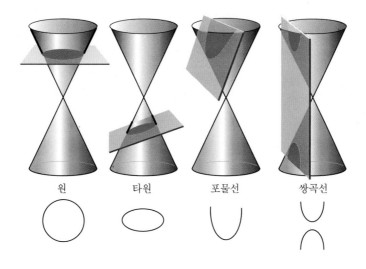

원   타원   포물선   쌍곡선

축에 따라 변하는 회전체

오른쪽 그림과 같은 △ABC를 $\overline{AH}$, $\overline{BH}$를 각각 축으로 하여 회전 시켰을 때 생기는 두 회전체의 부피의 비를 구하시오.

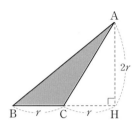

풀이 --

$\overline{AH}$를 축으로 하여 회전시킨 회전체는 [그림 1]과 같고, $\overline{BH}$를 축으로 하여 회전시킨 회전체는 [그림 2]와 같습니다.

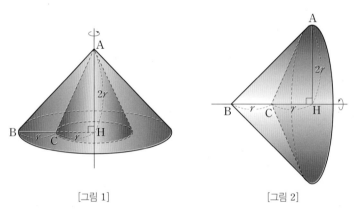

[그림 1]   [그림 2]

[그림 1]의 부피는 $\dfrac{1}{3}\pi \times (2r)^2 \times 2r - \dfrac{1}{3}\pi \times r^2 \times 2r = \dfrac{8\pi r^3}{3} - \dfrac{2\pi r^3}{3} = 2\pi r^3$

[그림 2]의 부피는 $\dfrac{1}{3}\pi \times (2r)^2 \times 2r - \dfrac{1}{3}\pi \times (2r)^2 \times r = \dfrac{8\pi r^3}{3} - \dfrac{4\pi r^3}{3} = \dfrac{4\pi r^3}{3}$

따라서 구하는 두 회전체의 부피의 비는

$2\pi r^3 : \dfrac{4\pi r^3}{3} = 3 : 2$

원은 컴퍼스를 이용하면 쉽게 그릴 수 있습니다. 하지만 새롭게 등장한 곡면은 어떻게 그려야 할까요? 아폴로니우스는 이 문제를 명쾌하게 해결했습니다.

포물선 그리기

아폴로니우스는 포물선에 대해서 '한 정점과 이 점을 지나지 않는 한 정직선에 이르는 거리가 같은 점들의 모임' 이라고 정의를 내리고, 이것을 다음과 같이 증명했습니다.

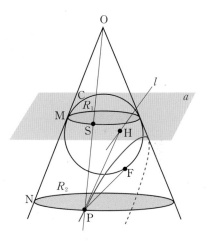

i) 직원뿔과 포물선을 그리는 단면에 동시에 접하는 구 C를 그립니다. 구 C는 원 R_1을 그리며 직원뿔에 접하고 있습니다.

ii) 포물선 위의 임의의 점 P를 잡고 P를 지나고 원뿔의 밑면과 평행한 원 R_2를 그립니다.

iii) 직원뿔의 꼭지점 O와 점 P를 이어 원 R_1과 만나는 점을 S라 하고, 원 R_1과 R_2가 직원뿔과 만나는 점을 각각 M, N이라 합니다.

iv) 구와 포물선의 면이 만나는 접점을 F라 합니다.

v) 원 R_1을 품는 평면 a에 임의의 정직선 l을 긋고 점 P에서 l에 내린 수선의 발을 H라 합니다.

$\overline{PF} = \overline{PS}$ (∵ 한 점 P에서 구에 그은 접선의 길이이므로) ⋯ ①

$\overline{PS} = \overline{MN}$ (∵ 원뿔대의 모선의 길이는 모두 같으므로) ⋯ ②

$\overline{MN} = \overline{PH}$ (∵ 포물선의 면과 모선이 평행하므로) ⋯ ③

①, ②, ③에 의하여 $\overline{PF} = \overline{PH}$

그런데 점 P를 포물선 어디에 잡느냐에 따라 원 R_2와 점 N과 점 H의 위치는 변하지만 원 R_1과 R_2는 평행을 유지하므로 언제나 $\overline{PH}$의 길이는 $\overline{PF}$의 길이와 같습니다.

따라서 포물선 위의 임의의 점 P에서 정점 F에 이르는 거리와 정직선 l에 이르는 거리는 같습니다.

 잠깐!

포물선의 정의

한 정점과 이 점을 지나지 않는 한 정직선에 이르는 거리가 같은 점들의 모임이다. 여기서 정점을 포물선의 초점이라 하고, 정직선을 포물선의 준선이라 한다.

타원 그리기

아폴로니우스는 타원은 '두 정점으로부터의 거리의 합이 일정한 점들의 모임'이라고 정의를 내리고, 이것을 다음과 같이 증명했습니다.

ⅰ) 직원뿔과 타원을 그리는 단면에 동시에 접하는 두 개의 구 S_1, S_2을 그립니다. 구 S_1은 원 R_1을, 구 S_1는 원 R_2을 그리며 직원뿔과 접하고 있습니다.

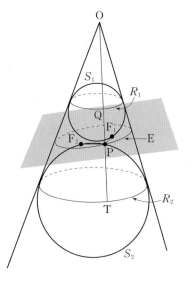

ⅱ) 두 개의 구와 타원의 단면과 만나는 접점을 F_1, F_2라 합니다.

ⅲ) 타원 위에 임의의 하나의 점 P를 잡고 직원뿔의 꼭지점 O와 점 P를 잇는 직선이

원 R_1, R_2와 만나는 점을 각각 Q, T라 하면

$\overline{PF_1} = \overline{PQ}$ … ① (∵ 한 점 P에서 구 S_1에 그은 접선의 길이이므로)

또, $\overline{PF_2} = \overline{PT}$ … ② (∵ 한 점 P에서 구 S_2에 그은 접선의 길이이므로)

①+②를 하면 $\overline{PF_1} + \overline{PF_2} = \overline{PQ} + \overline{PT} = \overline{QT}$

그런데 평행한 두 원 R_1, R_2 위의 점 Q, T를 이은 것이므로 $\overline{QT}$의 길이는 점 P를 타원 위의 어디에 잡아도 일정합니다.

따라서 타원 위의 임의의 점 P에서 두 정점 F_1, F_2에 이르는 거리의 합은 언제나 일정합니다.

잠깐!

타원의 정의

두 정점으로부터의 거리의 합이 일정한 점들의 모임이다. 여기서 두 점 F_1, F_2를 '타원의 초점'이라 한다.

쌍곡선 그리기

아폴로니우스는 쌍곡선에 대해서 '두 정점으로부터의 거리의 차가 일정한 점들의 모임'이라고 정의를 내리고, 이것을 다음과 같이 증명했습니다.

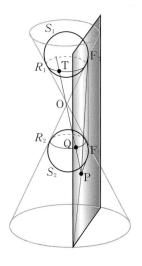

ⅰ) 직원뿔과 쌍곡선을 그리는 단면에 동시에 접하는 두 개의 구 S_1, S_2를 그립니다. 구 S_1은 원 R_1을, 구 S_2는 원 R_2을 그리며 직원뿔과 접하고 있습니다.

ⅱ) 두 개의 구와 쌍곡선의 단면과 만나는 접점을 F_1, F_2라 합니다.

ⅲ) 쌍곡선 위에 임의의 하나의 점 P를 잡고 직원뿔의 꼭지점 O와 점 P를 잇는 직선

이 원 R_1, R_2와 만나는 점을 각각 Q, T라 하면

$$\overline{PF_1} = \overline{PQ} \quad \cdots \text{①}$$

(∵ 한 점 P에서 구 S_1에 그은 접선의 길이이므로)

또, $\overline{PF_2} = \overline{PT} \cdots \text{②}$

(∵ 한 점 P에서 구 에 그은 접선의 길이이므로)

②−①를 하면 $\overline{PF_2} - \overline{PF_1} = \overline{PT} - \overline{PQ} = \overline{QT}$

그런데 평행한 두 원 R_1, R_2 위의 점 Q, T를 이은 것이므로 $\overline{QT}$의 길이는 점 P

를 타원 위의 어디에 잡아도 일정합니다.

따라서, 타원 위의 임의의 점 P에서 두 정점 F_1, F_2에 이르는 거리의 차는 언제나

일정합니다.

쌍곡선의 정의

정점으로부터의 거리의 차가 일정한 점들의 모임이다. 여기서 두 점 F_1, F_2를 '쌍곡선의

초점'이라 한다.

아폴로니우스가 원뿔곡선에 대한 정의를 증명을 통해 명확히 해주었기 때문에, 비

록 매우 복잡하지만 마침내 작도가 가능하게 되었습니다. 그리고 점차 그 원리를 적

용하여 새로운 작도 도구들을 발견해 냄으로써 요즘은 쉽게 원뿔곡선들을 그려내고

있습니다.

약 2,000년이 지난 17세기경 갈릴레이는 던져진 물체가 포물선을 그리며 날아가

는 것을 설명했습니다. 또 독일의 천문학자인 케플러는 행성은 완전한 원 운동을 한다는 기존의 생각에 의심을 품고, 화성의 운동을 몇십 년간 관찰한 결과 타원 궤도로 운동한다는 것을 밝혔습니다. 17세기 전반의 최대의 수학자 데카르트는 기하학에 좌표평면을 도입하여 도형을 좌표평면에서 연구하게 되었고, 이로 인하여 도형을 그림이 아닌 식으로 나타낼 수 있게 되었습니다. 이렇게 식을 이용하여 도형의 성질을 더욱 효과적으로 연구할 수 있게 되었는데 이것을 '해석기하학'이라고 합니다. 데카르트는 아폴로니우스의 모든 원뿔곡선을 좌표 평면 위로 옮겨 식으로 나타내었는데, 그 식이 이차식이 되므로, 원뿔곡선을 '이차곡선'이라고도 부릅니다.

포물선

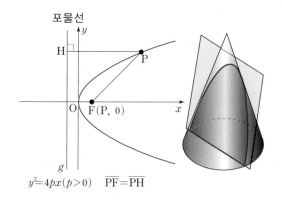

$y^2 = 4px \, (p > 0)$ $\overline{PF} = \overline{PH}$

타원

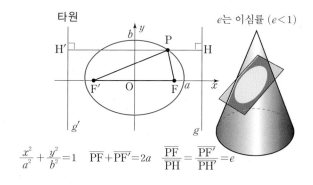

e는 이심률 $(e < 1)$

$\dfrac{x^2}{a^2} + \dfrac{y^2}{b^2} = 1$ $\overline{PF} + \overline{PF'} = 2a$ $\dfrac{\overline{PF}}{\overline{PH}} = \dfrac{\overline{PF'}}{\overline{PH'}} = e$

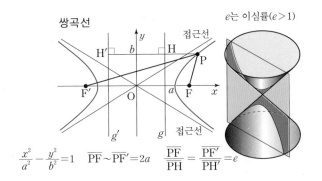

$$\frac{x^2}{a^2} - \frac{y^2}{b^2} = 1 \quad \overline{PF} \sim \overline{PF'} = 2a \quad \frac{\overline{PF}}{\overline{PH}} = \frac{\overline{PF'}}{\overline{PH'}} = e$$

　데카르트의 좌표평면의 개념으로 도구 없이도 원뿔곡선의 작도가 쉬워진 것은 물론 그들의 더 많은 성질을 알게 되어 자연철학자들에게 중요한 이론을 제공해 주었습니다.

　그러나 이차곡선도 결국은 아폴로니우스가 좌표가 없는 평면 위에서 발견한 도형입니다. 그러므로 이차곡선을 도형이란 관점에서 원리와 정의를 확실히 익히고, 그것을 식으로 나타내려고 애쓴다면 깊이 있는 공부가 될 것입니다.

　지구 주위를 돌고 있는 인공위성, 미세한 소리도 모두 잡아내는 포물선 모양의 안테나, 쌍곡선 궤도를 그리며 빠른 속도로 날아가는 인공위성 등 아폴로니우스가 발견한 이 세 도형은 과학 기술 발달에 지대한 역할을 하고 있습니다.

쌍곡선의 궤도를 그리며 날아가는
빠른 행성

만약 당신이 진실로 진리를 추구하는 사람이라면
생애에 적어도 한번은 가능한 한 모든 것을 깊게 의심해 볼 필요가 있다.

- 르네 데카르트

원뿔곡선 삼형제의 활약

원뿔곡선(이차곡선)의 정의에서 알아보았듯이 이들에게는 초점이라는 것이 있습니다. 이 초점들은 원뿔곡선을 그리는데 있어 아주 중요한 역할을 담당하고 있을 뿐만 아니라, 빛을 이 도형에 비추었을 때, 곡선 면에 반사된 빛들이 이 점으로 모이기 때문에 붙은 이름입니다. 이런 성질을 이용하여 원뿔곡선은 실생활에 다양하게 응용되고 있는 도형입니다.

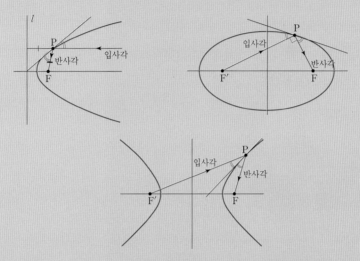

위의 그림처럼 각 원뿔곡선에 빛을 보내면, 원뿔곡선 위의 임의의 점 P에서 이 곡선의 접선이 입사각과 이루는 각의 크기가 반사각이 초점으로 모일 때 반사각과 접선이 이루는 각의 크기가 같아집니다.

포물선의 활약

아파트에 접시 모양의 위성 안테나가 설치되어 있는 모습을 흔히 볼 수 있을 겁니다. 이 위성 안테나는 포물선 모양으로 되어 있기 때문에 포물선이라는 뜻의 '파라볼라(parabola)' 라는 말을 붙여 '파라볼라 안테나' 라고도 합니다.

안테나가 포물선 모양을 하고 있으므로 포물선의 축과 평행하게 들어오는 전파가 모두 포물선의 초점에 모이게 됩니다. 그래서 높이 떠 있는 인공위성의 약한 전파도 한 곳에 모아 강한 신호를 만들어 내는

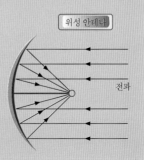

것입니다. 이런 포물선의 성질은 태양열 발전소에서 포물선 모양의 거울을 이용해 태양열을 모아 전기를 만들 때도 이용됩니다.

이러한 원리를 처음 사용한 사람은 몇천 년전의 사람이었습니다. 고대 그리스의 수학자 아르키메데스가 로마와의 전쟁에서 이 원리를 이용하여 목선을 태우는 신무기를 개발한 것입니다.

또는 반대로 빛을 포물선의 초점에서 내보내면 포물선의 곡면에 반사되어 평행으로 잘 퍼져나가 약한 광선이라도 멀리까지 밝힐 수 있습니다. 이 원리는 손전등에 포물선 모양의 유리막을 씌우거나 전기스탠드의 갓, 탐조등, 자동차 전조등 등에 활용되고 있습니다.

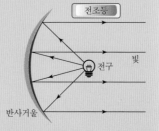

파라볼라 안테나

타원의 활약

타원의 초점 A에 전구를 놓아 불을 밝히면 불빛이 타원의 곡면에 반사해 또 다른 초점 B에 모두 모이게 될 것입니다. 이 성질을 이용한 기계장치로 신장결석파쇄기라는 것이 있습니다. 수술을 하지 않고도 환자의 신장에 있는 결석을 안전하게 제거해주는 의료 기구입니다. 이 기계는 타원체(타원을 회전시켜 얻은 입체도형)의 끝에 반사경 컵이 달려 있고 전극봉을 타원의

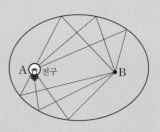

초점에 설치해 놓았습니다. 엑스선 형광 투시경을 이용해 환자의 신장결석이 타원의 다른 초점에 일치하도록 환자를 자리 잡게 한 후 전극봉에서 충격파를 쏘아 타원체의 면에 반사되어 신장의 결석을 부수게 하는 것입니다.

쌍곡선의 활약

카스그랭식 망원경은 프랑스의 공작기술자 시외르 귀욤 카스그랭이 뉴턴식 망원경의 단점을 보완하기 위해 고안한 것입니다. 카스그랭식 망원경은 포물선의 초점 앞에 쌍곡선 모양의 거울을 설치해서 포물선 모양의 거울에 반사되어 들어 온 빛(대상)이 다시 오던 방향으로 반사되도록 설계했습니다.[그림 1] 쌍곡선이 아닌 일반 반사경을 놓은 망원경[그림 2]보다 포물선 거울에 의해 반사된 빛이 쌍곡선의 다른 쪽 초점까지 반사되어 나가게 되므로 대단히 멀리까지 잡히게 되는 장점을 가지고 있습니다.

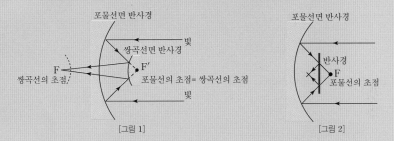

쌍곡선은 배의 운행 방법에서도 사용됩니다. 배가 항해를 할 때 세 개의 전파 수신소로부터 전파를 수신받으면 전파의 수신 시각의 차이로 배의 정확한 위치를 알 수 있습니다. 그런데 두 개의 전파 수신소만 있을 경우는 배가 두 수신소를 초점으로 하는 쌍곡선 위에 있을 때만 위치를 알 수 있게 됩니다. 이를 이용하여 배를 운행하는 방법을 쌍곡선 항법이라 합니다. 이외에도 우리 실생활에서 원뿔곡선은 무궁무진하게 활용되고 있습니다.

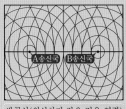

쌍곡선(위상차가 같은 점을 연결)

원뿔곡선의 무궁무진한 활용

(가)

수학에서 가장 많이 나오는 곡선은 원, 포물선, 타원, 쌍곡선이다. 대칭적이고 아름다우며 실용적으로 유용한 이 곡선들은 고대 그리스의 3대 기하학자 중 한 사람인 아폴로니우스에 의해 『원뿔곡선론(Conics)』에서 깊이 다루어졌다. 오늘날 우리가 사용하는 원, 포물선, 타원, 쌍곡선의 용어를 처음으로 사용한 그는 이들 곡선들의 중요한 성질들과 그 응용의 대부분을 발견함으로써 위대한 기하학자라 칭해진다.

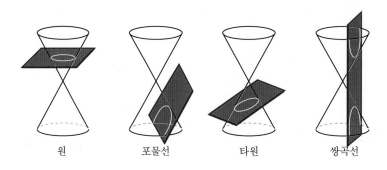

| 원 | 포물선 | 타원 | 쌍곡선 |

아폴로니우스는 한 개의 평면이 한 개의 원추와 만날 때면 그 단면에 곡선 혹은 원뿔곡선이 여러 모양으로 나타나는 것을 발견했다. 즉 원추의 밑면과 평행이 되도록 절단하면 원형이 되고 비스듬히 절단하면 타원형이 된다. 원추의 모선(母線)과 평행이 되도록 절단하면 탄도와 같은 포물선이 된다. 또 정점을 통과하는 절단면은 서로 만나는 두 직선이 된다. 정점에서 거꾸로 선 상태의 두 개 원추를 수직으로 절단하면 그림 같은 쌍곡선이 된다는 것을 알았던 것이다. 원뿔곡선을 이차곡선이라고도 부르는데 그 이유는 원뿔곡선을 좌표평면 위에 나타내면 적당한 계수에 의해 이차방정식으로 표현되기 때문이다. 각 원뿔곡선을 특징짓는 중심, 축, 준선, 초점 등과 같은 기

하학적 요소를 이용하면 각각의 원뿔곡선은 좌표평면 위에 간단하게 작도할 수 있다. 평면 위에 놓인 공의 그림자에서도 광원의 위치에 따라 다양한 이차곡선을 볼 수 있다.

(나)

이차곡선인 포물선과 쌍곡선은 타원과 더불어 고대부터 현재에 이르기까지 많은 학자들에 의해 연구되고 있다. 고대 그리스인들은 원뿔곡선을 주로 '3대 작도 문제' (주어진 원과 같은 넓이를 갖는 정사각형 작도하기, 주어진 임의의 각을 삼등분하기, 부피가 주어진 정육면체의 두 배의 부피를 가지는 정육면체 작도하기)를 풀기 위한 도구로 연구했을 뿐, 그것의 실용적인 용도에는 관심이 없었다.

그러나 거의 2,000년 뒤에 갈릴레이가 포탄의 궤적을 포물선으로 설명하고 케플러가 행성의 궤도를 타원으로 설명하여 이차곡선에 대한 관심과 평가가 한층 높아졌으며, 오늘날에는 로켓 공학에까지 그 영향을 미치게 되어 아폴로니우스에 대한 평가도 덩달아 높아지게 되었다. 현대에 이차곡선은 비행기나 선박의 위치를 나타내는 LORAN 항법시스템 등에 사용되기도 하고, 반사성질을 이용하여 자동차의 전조등, 송수신용 안테나 및 현대적인 망원경 등과 같은 실생활에 유용한 도구들을 만드는데도 응용되고 있다.

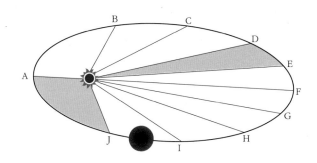

포물선 : 평면 위의 한 정점과 한 정직선으로부터 거리가 같은 점들의 모임

쌍곡선 : 평면 위의 두 정점으로부터 거리의 차가 일정한 점들의 모임

(다)

『코스모스』는 칼 세이건 박사의 경험담이 담긴 자전적 소설이다. 이를 바탕으로 만들어진 영화 「콘택트」(Contact, 1997)를 보면 미국 캘리포니아 패서디나 지역에 거대한 전파망원경이 여러 개 설치되어 있는 장면이 있어 훌륭한 과학체험을 할 수 있다. 영화의 무대인 외계 지적 생명 탐색 연구소(SETI)는 실제로 존재하는 연구 단체로서 지난 40년간 외계 신호를 탐색하는 동시에 외계에 신호를 보내고 있다.

영화 「콘택트」 중에서

과학자들은 우주 먼 곳에서 날아오는 미세한 전파를 포착하기 위한 효과적인 구조로서 망원경의 반사면을 이차곡선 형태로 설계하였다. 예를 들면, 천문관측용 반사망원경 중 하나인 카세그레인식 망원경(Cassegrain's Telescope)은 포물선과 쌍곡선의 반사성질을 이용하여 아래의 그림과 같은 구조로 만들어졌다. 망원경의 테두리의 지름이 매우 커지면 전파를 송수신할 때 문제가 발생할 수 있다. 그래서 규모가 큰 망원경에서는 구조적인 문제가 매우 중요하다. 이를 해결하기 위해 두 개의 반사기를 이용하게 되는데, 모하비 사막 안테나의 경우에는 거대한 반사기는 포물면, 부 반사기로는 쌍곡면을 이용한다.

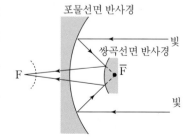

논제 1 포물선과 쌍곡선은 모양이 비슷하지만 서로 다른 성질을 갖는 곡선이다. 그 유사점과 차이점에 대하여 설명하시오.

논제 2 이차곡선의 반사성질을 이용하여 우주에 효과적으로 전파를 보낼 수 있는 우주망원경을 제시문(다)의 카세그레인식 망원경과 유사한 방식으로 간단히 설계하고 그에 대한 타당성을 수학적 증명에 의해 보이시오.

[서울대 통합논술유형]

풀이 -

논제 1 먼저 포물선과 쌍곡선의 공통점은 첫째, 같은 원뿔을 이용하여 자른 단면에서 나온 곡선이라는 점이고 둘째, 식으로 표현할 때 이차방정식으로 표현할 수 있다는 점입니다. 이에 반하여 차이점은 첫째 원뿔의 밑면과 모선이 이루는 각을 a, 원뿔의 밑면과 원뿔을 자르는 평면이 이루는 각을 θ라 하면 포물선은 $\theta = a$일 때 평면이 아래 위의 두 원뿔 중 어느 하나와 만나게 됩니다. 그러므로 포물선은 1개의 곡선이고 초점(포물선의 정의상의 정점)이 1개인데 반하여, 쌍곡선은 $\theta > a$일 때는 평면이 두 원뿔과 만나게 되므로 쌍곡선은 2개의 곡선으로 되어 있고 초점이 2개라는 점입니다. 둘째 이차방정식 $Ax^2 + By^2 + Cx + Dy + E = 0$에서 $AB = 0$ 일 때 포물선의 식이 되고, $AB < 0$일 때 쌍곡선의 식이 됩니다. 셋째 기하학적으로 쌍곡선에는 점근선이 존재하지만 포물선에는 점근선이 없습니다.

논제 2 카세그레인식 망원경의 구조는 포물선면 반사경은 주거울로, 쌍곡선면 반사경은 부거울로 구성되어 있습니다. 이 망원경은 빛을 모으는 포물선면 반사경의 중앙에 작은 구멍을 뚫어 포물선면 반사경으로 모은 빛을 초점의 조금 앞쪽에서 부거울로 포물선면 반사경 방향으로 반사시켜 중앙 구멍에서 밖으로 나간 것을 접안경으로 들여다보는 방식을 가지고 있습니다.

끝이 없는 기하학

지금까지 고대 그리스 시대의 기하학을 중심으로 살펴보았는데 이것은 기하학 중에서 빙산의 일각에 불과합니다. 고대 그리스 기하학은 평면적이고 제한적이고 경직되어 있었으나, 17세기 이후 도형은 좀 더 유연성과 다른 차원의 공간으로 발전해 갔습니다.

17세기 데카르트의 해석기하학에 의해 좌표평면으로 도형이 옮겨지고, 그림이 아닌 수식으로 기하학을 이해하게 되었으며, 무한의 개념이 어우러져 '미분기하학(differentialgeometry)'으로 발전하였습니다. 또한 곡면 모양의 도형도 넓이나 부피를 자유자재로 구할 수 있게 되었습니다. 즉 기하학은 직선이나 원 같은 전형적이고 규격이 맞는 도형에서 곡면이 다양한 형태의 도형으로까지 발달했습니다.

또한 17세기에 기하학의 한 줄기는 데자르그(Desarge)와 파스칼(Pascal)에 의한 '사영기하학(projective geometry)'을 탄생시킵니다. 이는 도형을 평면적으로만 생각했던 것에서 벗어나 미술의 원근감처럼 공간에서는 평행한 직선이 존재할 수 없다는 사고에서 출발했습니다.

이것은 19세기 비(非)유클리드기하학인 리만기하학에 영향을 주어 평면적 공간에서만 제약받던 도형에서 벗어나 실제 우주 공간과 같은 곡면의 공간으로 이동하게 됩니다. 그리고는 더 이상 다각형은 꼭 직선으로 이루어져만 한다는 고정관념을 포기해야 했습니다.

또한 도형의 양적인 측면, 즉 길이·넓이·부피 등이 아무리 변해도 연결해주는 상태만 같으면 같은 도형으로 생각하는 '위상기하학'에 이르기까지 다양한 변화를 거칩니다. 이런 변화는 고대 그리스 문화가 로마의 정복에 의해 끝이 나고 약 2,000여 년의 공백 기간이 흐른 후 시작되었습니다. 긴 공백 기간을 뛰어 넘고도 이렇게 무궁한 발전할 수 있었던 원동력은 과연 무엇이었을까요?

그리스 3대 수학자 : 왼쪽부터 아폴로니우스, 유클리드, 아르키메데스

데카르트의 해석기하학의 시작점은 고대 그리스 수학자 아폴로니우스의 원뿔곡선론이며, 미적분의 시작점을 거슬러 올라가보면 아르키메데스의 착출법이 있습니다. 가장 큰 역할은 비(非)유클리드기하학을 탄생시킨 유클리드기하학일 것입니다.

유클리드기하학이 직선과 원이라는 두 도형으로 제약을 두어 기하학을 연구한 것이 얼핏 보기에는 고지식하고 발달의 시간을 늦춘 것이라고 생각할 수 있습니다. 하지만 그런 탄탄한 기초의 반석이 있었기에 그토록 오랜 시간의 공백을 뛰어 넘고도 기하학의 발달이 계속될 수 있었던 것입니다. 아무것도 아닌 것처럼 보이는 작은 점에서 시작한 기하학은 이제 우주 공간의 4차원 세계에 대한 비밀의 열쇠가 되어 우리를 점점 가까이 다가가게 하고 있습니다.

2 장

생명에서 탄생한 수학

복제

나는 너희 인간들이 믿지 못할 것들을 보아왔지.
오리온성운 옆에서 불타던 전함들…
탄호이저 게이트 근처의 암흑 속에서 C빔이 번쩍이는 것도.
내가 그 동안 보아왔던 모든 순간들도 빗속에 흐르는
내 눈물처럼 사라지고 말겠지.
이제는 죽어야 할 시간이다.
– 영화 『블레이드 러너』에서

100개의 타일 없애기

100개의 타일에 1부터 100까지 적은 다음 아래와 같은 시행을 반복한다고 합시다.

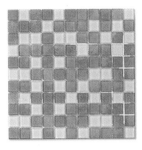

> 완전제곱수가 쓰여 있는 타일은 빼낸다.
> 남은 타일에 1부터 차례로 수를 적는다.

타일이 한 개가 남을 때까지 이 시행을 몇 번 반복해야 할까요?

풀이

n^2개의 타일로 시작한다고 할 때,

첫 번째 시행에서 n^2-n개의 타일이 남습니다.

두 번째 시행에서 $n^2-n-(n-1)=(n-1)^2$개의 타일이 남습니다.

세 번째 시행에서 $(n-1)^2-(n-1)=(n-1)(n-2)$개의 타일이 남습니다.

네 번째 시행에서 $(n-1)(n-2)-(n-2)=(n-2)^2$개의 타일이 남습니다.

⋮

즉, $2k$번째 시행에서 $(n-k)^2$개의 타일이 남습니다.

$$(n-k)^2=1 \iff n-k=1 \iff k=n-1$$

그러므로 $2(n-1)$번째 시행에서 1개의 타일이 남게 됩니다.

$$\therefore 2\times(10-1)=2\times9=18번째$$

150

복제와
합동과 작도

만약 어디에선가 나와 똑같이 생긴 사람이 살고 있다면? 혹은 바로 옆에 나와 꼭 닮은 사람이 서 있다면 어떨까요? 간혹 할 일이 너무 많거나 혹은 하기 싫은 일을 꼭 해야 할 때, 순간적으로 '나를 대신해서 이 일을 할 또 다른 내가 있었으면……' 하고 생각한 적이 있었을 것입니다. 사실 인간의 이러한 생각은 오래전

영화 「프랑켄슈타인」의 한 장면

부터 시작되었습니다. 인간복제에 대한 인간의 꿈은 19세기에 메리 W.셸리가 쓴 『프랑켄슈타인』이라는 소설에서도 찾아 볼 수 있습니다. 이 소설의 원제는 "프랑켄슈타인, 일명 현대의 프로메테우스"로, 작가는 프랑켄슈타인 박사를 그리스 신화에서 미래를 내다보는 신 제우스와 대립했으며 인간에게 불을 전해준 프로메테우스에 비유하고 있습니다. 작가는 진정한 프로메테우스가 아닌 그저 자신의 이름을 본뜬

괴물을 만들어냈을 뿐이지만 앞날을 바꾸고 싶어 했던 과학자 프랑켄슈타인 박사를 통해 인간복제의 미래를 제시하고 있었던 것입니다. 그리고 이것은 이제 단지 꿈이 아닌 현실로 그 가능성과 성공을 보이고 있습니다.

인간복제는 '잔가지'를 뜻하는 그리스어 'klown'에서 유래한 '클론(clone)'이라는 의미를 가지고 있으며 무성생식을 통해 얻어지는 '인공수정'이라는 단계를 통해 이미 우리 주변에서 행해지고 있습니다. 1996년 7월 5일, 세포만으로 생명체를 탄생시키는 최초의 사건이 일어났습니다. 영국 로즐린 연구소의 이안 월머트(Ian Wilmut, 1944년~)박사가 절대로 근접할 수 없다고 생각했던 신의 영역인 생명 창조의 영역에 체세포를 이용한 복제 양을 통해 도전장을 던진 것입니다. 이를 계기로 우리나라에서도 황우석 박사를 앞세워 줄기세포를 이용한 복제를 연구하였지만 2006년에 아쉽게도 미완성으로 끝이 났습니다. 그러나 그 이후로 다른 연구자들이 끊임없이 연구하여 그 결과 인간복제의 성공을 눈 앞에 바라보고 있습니다.

세계적으로 많은 논란을 가져온 복제양 돌리와 이안 박사

인간복제는 역사상 가장 뛰어난 과학의 산실이면서 또 한편으로는 두려움의 대상이기도 합니다. 실체와 복제인 클론의 구분과 인간의 존엄성에 대한 의견들이 서로

대립하고 있기 때문입니다. 이러한 인간복제에 관해 미래 사회의 예측과 그 변화에 있어서 무엇이 중요한지를 반영한 영화들이 과학자들의 연구보다 먼저 등장했습니다. 세기 말 휴머니즘의 혼란을 웅변적으로 표현한 리들리 스콧 감독의 영화 「블레이드 러너」(Blade Runner, 1982년)가 대표라고 할 수 있습니다. 이 영화는 필립 K.딕의 소설 『안드로이드는 전기 양의 꿈을 꾸는가?』를 원작으로 한 SF영화입니다. 겉모습은 물론 감정을 느끼는 것까지 인간과 똑같은 복제인간 '리플리컨트(Replicant)'와 그들을 제거하려는 특수경찰 블레이드 러너들의 대립을 통해 '인간의 본질은 무엇인가'에 관한 질문을 던지는 이 영화는 지난 20년간 가장 많은 논쟁거리를 가져온 영화 중의 하나로 80년대의 걸작으로 손꼽히고 있습니다.

'인간이란 무엇인가?'에서 '무엇이 인간답게 하는가?'라는 철학적 화두를 내던지는 이 영화는 비슷한 시기에 개봉한 「E.T.」(1982년)로 인해 미래에 대한 유토피아적 환상이 지배하던 당시의 분위기 속에서 관객으로부터 외면당했습니다. 하지만 일부 마니아를 중심으로 점차 알려지기 시작해 결국 SF영화 중 최고의 반열에 오르게 되었습니다. 우리나라에서도 모 대학의 논술문제로 출제될 만큼 영화가 암시하고 있는 미래에 대한 암울한 주제는 심상치 않습니다.

영화 「블레이드 러너」 포스터

「블레이드 러너」의 배경은 2019년 미국의 LA입니다. 타이렐 사(社)는 최첨단 유전공학을 이용하여 리플리컨트라 불리는 복제인간을 만들었습니다. 이들은 인간들을 대신해 위험한 우주탐험을 하거나 전쟁을 하는데 사용되었으며, 인간들이 사는 지구엔 절대로 들어올 수 없습니다. 그리고 이를 어긴 리플리컨트를 제거하는 임무를 맡고 있는 특수경찰이 있는데 이를 블레이드 러너라 부릅니다. 어느 날 '넥서스6'이라 불리는 새로운 종류의 리플리컨트들이 반란을 일으켜 지구에 잠입하게 됩니다. 이들은 자신들을 만들어낸 과학자를 찾아가 생명을 연장해줄 것을 요구합니다. 한편 이들의 탈출을 알게 된 경찰은 블레이드 러너인 데커드 형사를 투입하게 됩니다. 생명을 요구하는 리플리컨트들과, 생명을 폐기처분해야 하는 블레이드 러너 사이의 암울하고 묵시론적인 추적이 시작됩니다. 하지만 이런 선과 악의 단순한 이분법이 「블레이드 러너」에서 말하고자 하는 것이 아닙니다.

감독은 영화를 통해 '생명공학의 개발 이후, 그 생명은 누가 주신 것인가?'라는 질문을 던지고 있습니다. 리플리컨트라는 인간을 복제해 만들어진 '가짜' 인간들이 자신들에게 '인간'이라는 가짜 기억과 가짜 정체성이 인공적으로 심어졌다는 사실을 알고, 생명을 연장받기 위해 자신들의 창조주를 찾아가는 이야기를 하고 있습니다. 하지만 그것이 불가능하다는 것을 깨닫게 되는 리플리컨트들은 창조주를 죽이고, 오히려 자신을 죽이러 온 블레이드 러너를 살려주는 오디푸스 신화와 성서적 계명이 기묘하게 뒤얽힌 구조를 이루고 있습니다.

가짜로부터 진짜가 자기의 휴머니즘을 되찾게 되는 이 영화에서 과연 복제된 인간에 의해 되찾은 '인간주의'란 무엇을 의미하는 것일까요? 우리는 리플리컨트들의 상반된 두 가지 태도를 통해 가짜가 진짜에게, 복제가 원본에게 제시하는 생명의 기원에 관한 해답을 알 수 있습니다.

이미 태어날 때부터 인간의 욕망과 편의를 위한 특별한 목적으로 만들어진 리플리컨트는 인간답게 남은 인생을 살고 싶은 것이 아니라, 하나의 생명체로서의 생명을 연장하기 위해 타이렐 사에 잠입하게 되고 결국 블레이드 러너와 대립을 하게 됩니다. 이와 달리, 레이첼이라는 한 리플리컨트는 인간이기를 갈구하고 인간들의 무리 속으로 들어가기를 간절히 바랍니다. 이렇게 인간사회에 들어오고 싶어 하는 레이첼과 그렇지 않은 리플리컨트의 차이는 기억에 대한 부분에 있습니다. 레이첼이 인간이 되기를 강력히 희망하는 것은 그녀에게 이식된 추억이 있기 때문입니다. 추억이란 무엇일까요? 그것은 인간으로서의 삶의 근거를 말해주는 것이 아닐까요?

로이베티를 비롯한 3명은 기계처럼 삶을 살아왔고 그동안 이용당해 온 셈이지만 반면에 레이첼은 마치 자신의 삶을 갖고 살았던 것처럼 타인과의 기억과 주변 환경에 대한 기억을 갖고 있었습니다. 그런 점에서 레이첼은 다른 리플리컨트들의 사고 방식과 차이를 보였습니다.

이렇게 인간이 인간다울 수 있는 필요조건 중의 하나가 개개인이 갖고 있는 '삶'의 추억인 것처럼, 인간에게 '삶'은 신성한 것입니다. 특히 생명은 더욱 그렇습니다. 생명은 신의 모습을 반영하고 있으며 각각의 인간은 각각의 목적을 가지고 태어난 독특한 피조물로서 존재의 첫 불꽃이 일었을 때부터 그것은 신성합니다. 그래서 오십만 년 전에 번창했다가 지금은 사라진 식물의 씨앗이 우연히 발견되어 그 품종을 다시 재생시킬 수 있게 된 것처럼 소중하게 다루어야 합니다. 하지만 그 씨앗이 가진 유일성도 인간의 것과는 비교할 수 없습니다. 인간은 복제해서는 안 되며, 마음대로 처분해서도 안 되고, 다른 것으로 대체되어서도 안 되며, 그 기능을 바꾸어 놓아서도 안 됩니다. 복제는 반드시 이러한 원칙에서 출발해야 모든 것이 정상이 됩니다.

인간은 창조자가 아닙니다. 유전학자가 이 사실을 명심해야만 비로소 자신이 신의 창조에 참여하고 있다는 것을 자랑스러워할 수 있습니다. 또한 과학자를 단순한 기술자에서 고상하고 위엄 있는 지위로 격상시켜 줄 것입니다.

인간은 다른 사람들의 생활에 서로 밀접하게 관계하고 있으며, 타인의 생존 전 과정에 영향을 줍니다. 이는 모든 사람이 각자 자기에게 부족한 것을 다른 사람에게 의지하고 있으며, 바로 그것이 창조주가 피조물을 창조하는 방식이라고 할 수 있습니다. 언젠가는 생명을 어떻게 다루었는지 묻는 물음에 대답할 날이 올 것입니다. 생명을 다루는 일은 겸손하고 기도하는 자세로 해야 합니다. 왜냐하면 그 일은 인류의 운명을 만들어 가는 신의 창조에 동참하는 것이기 때문입니다.

세계적으로 인정받는 생명과학자들의 말에 의하면 인간복제 실험은 성공률이 극히 희박하고, 만약 성공한다 하더라도 기형이 태어날 가능성이 높다고 합니다. '생명'이란, 복사기에서 출력되어 나오는 인쇄물이 아니기 때문에 인간복제가 초래할 해악은 그 누구도 짐작하기 어렵습니다.

그렇다면 복제와 수학은 어떤 관계를 갖고 있을까요? '복제'라는 단어를 수학책에서는 찾아보기 힘들지 모르지만 사실 복제에 대한 의미는 과학보다 먼저 수학에서 나타났다고 해도 과언이 아닙니다.

옆의 그림과 같이 두 장의 종이를 겹쳐서 물고기 모양으로 오리면, 크기와 모양이 같은 물고기 모양을 두 장 얻을 수 있습니다. 이와 같이 하나의 도형을 모양이나 크기를 바꾸지 않고 옮겨서 다른 하나의 도형에 완전히 포갤 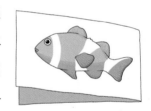 수 있도록 하는 것을 '이 두 도형은 서로 합동이다'라고 합니다. 그리고 합동인 두 도형에서 서로 포개져 대응되는 꼭지점 · 변 · 각을 눈금이 없는 자와 컴퍼스만 사용하여 도형을 그리는 것을 '작도'라고 합니다.

주어진 도형, 또는 어떤 조건을 만족하는 똑같은 도형을 작도를 이용해서 문제를 해결하고자 했던 기하학의 관심과 연구는 복제의 시초였던 것입니다.

복사용지의 크기

　우리가 아무 생각 없이 사용하는 복사용지는 알고 보면 완전한 크기를 갖고있지 않습니다. 공책이나 잡지 등 일상생활에서 가장 많이 쓰이는 A4 용지의 규격은 297mm × 210mm입니다. 왜 기억하기 좋게끔 300mm × 200mm로 하지 않고 이렇게 복잡한 수치가 쓰였을지 궁금하지 않나요?

풀이

　A4 용지의 규격은 우리 눈에 가장 아름답게 보인다는 황금비로 이루어져 있지 않습니다. 즉, 황금비는 $\dfrac{1+\sqrt{5}}{2} ≒ 1.618$지만 A4 용지의 폭에 대한 길이의 비는 약 1.414인 것입니다.

　종이는 제지소에서 만든 큰 규격의 전지를 절반으로 자르고 또다시 절반으로 자르는 과정을 반복하면서 만들어집니다. 그러나 이렇게 자르다 보면 원래 규격과 다른 모양이 됩니다.

　예를 들어 300mm × 200mm와 처럼 폭에 대한 길이의 비가 1.5인 종이를 절반으로 자르면 200mm × 150mm가 되고 이때의 비는 1.333이 됩니다. 이러한 비를 가진 직사각형은 1.5의 비를 가진 처음 종이에 비해 둔탁해 보입니다. 그래서 필요한 용도로 만들기 위해 일부를 잘라내어 원하는 형태로 만들어야 합니다. 독일 공업규격 위원회는 이 과정에서 종이의 낭비를 최소화할 수 있는 형태와 크기를 고민했고 그래서 등장한 것이 A4 용지입니다.

　절반으로 자르는 과정에서 만들어지는 종이를 그대로 사용하기 위해서는 수학적으로 닮음꼴이어야 합니다. 종이의 길이와 폭의 비를 $x:1$이라고 하면 이것을 절반으로 자른 종이의 길이와 폭의 비는 $1:\dfrac{x}{2}$입니다. 이때, 두 직사각형이 서로 닮음꼴이므로 $x:1=1:\dfrac{x}{2}$가 성립하고 이차방정식 $x^2=2$에서 $x=\sqrt{2}$가 됩니다.

이와 같이 전지의 폭에 대한 길이의 비를 $\sqrt{2}$로 택하면 반으로 자르는 과정에서 이 비가 항상 유지됨을 알 수 있습니다. 비록 황금비는 아니지만 이렇게 도형의 닮음꼴, 비례식, 무리수, 이차방정식 등의 수학적 개념이 종이의 재단에서도 이용되고 있는 것입니다.

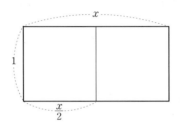

반복과 복제

두 개의 점을 하나의 선으로 연결하여 만든 도형을 I_1, I_1을 복제한 J_1을 만든 후 I_1과 J_1의 대응하는 점을 연결한 도형을 I_2[그림 1]이라고 합니다. I_2를 복제한 것을 J_2라 하고 I_2와 J_2의 대응하는 점을 연결한 도형을 I_3이라고 합니다. 이러한 조작을 반복하여 I_n을 만들어 갑니다. 이때 I_n에 포함되어 있는 선의 개수를 a_n이라 하면 $a_1=1, a_2=4, a_3=12$가 됩니다.

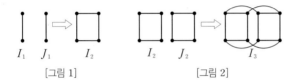

[그림 1]   [그림 2]

이때, a_6의 값을 생각해봅시다.

풀이 --

$a_1=1, a_2=4, a_3=12$이고 문제의 뜻으로부터 $a_{n+1}=2a_n+2^n$

$\therefore a_4=2a_3+2^3=2 \cdot 12+8=32, a_5=2a_4+2^4=2 \cdot 32+16=80$

$a_6=2a_5+2^5=2 \cdot 80+32=192$

이와는 좀 더 다른 생각으로 다음과 같은 방법도 있습니다.

I_n의 꼭지점이 2^n개이므로 $a_{n+1}=2a_n+2^n$ 즉, $\dfrac{a_{n+1}}{2^{n+1}}=\dfrac{a_n}{2^n}+\dfrac{1}{2}$

그러므로 $\dfrac{a_6}{2^6}=\dfrac{a_1}{2}+5 \times \dfrac{1}{2}=3$에서 $a_6=192$

1 그리스의 3대 난제

아테네를 중심으로 한 옛 그리스의 도시국가들은 민주주의가 처음으로 시작된 곳으로 유명하지만 사실 그것은 소수 시민들만의 전유물이었습니다. 소수 시민들은 온갖 생산 활동을 비롯해 자녀들의 교육까지 노예에게 맡기고 그들은 자유로운 여가 생활을 마음껏 누렸습니다.

소수 시민들 중에서도 '소돔과 고모라'와 같이 육체적인 쾌락을 추구하는 부류와, 지적인 사귐을 통해 만족을 얻는 부류로 나뉩니다. 그리스 인들은 이 중에서 후자의 삶인 오로지 알고자하는 지적욕망을 가지고 있었습니다. 낮에는 '앙골라'라는 이름의 광장에서, 밤에는 부유한 자의 화려한 거실에서 포도주 잔을 기울이며 세상의 이치를 따지고 상대방을 굴복시키는 일종의 게임과 같은 대화를 즐겼습니다.

고대 그리스 아테네 학당

하지만 이 당시의 그리스 시민들은 노동을 멸시하였기 때문에 측량술이나 산술과 같은 실용적인 부분을 천한 기술로 생각하였습니다. 그들은 구체적인 쓰임새를 위한 목적이 아닌, 지식 그 자체에 대한 탐구만을 추구하였으며 제한된 조건 안에서 결과를 찾는 놀이로서의 학문을 연구하였던 것입니다. 기하학에서 증명을 할 때에 눈금 없는 자와 컴퍼스를 사용하는 것도 이러한 귀족적인 발상에서 생겨났습니다. 그렇다면 도대체 왜 고대 그리스 인들은 눈금 없는 자와 컴퍼스를 사용하도록 하였을까요? 그들이 까다로운 조건에 만족하는 도형을 단지 눈금 없는 자와 컴퍼스만을 사용해서 작도하게 했던 이유는 '가장 완전한 도형은 직선과 원이며, 그래서 신들은 이 둘을 중히 여긴다' 라는 믿음 때문이었습니다.

이 때문에 '직선과 원' 만을 그릴 수 있는 자와 컴퍼스를 작도의 도구로 선택한 것입니다. '눈금 없는 자' 와 '컴퍼스' 를 '유클리드 도구' 라고 하고, 고대 그리스인들은 이를 가지고 어려운 문제들을 풀기 위한 작도를 하였습니다. 하지만 그들의 오랜 노력에도 불구하고 끝내 해결하지 못한 채 남아있는 문제가 있는데 그것들을 우리는 '그리스의 3대 난제' 라고 부릅니다. '그리스의 3대 난제' 는 다음과 같습니다.

1. 주어진 정육면체의 2배의 부피를 가지는 정육면체를 작도하라.
2. 임의의 각을 삼등분하기 위해 작도하라.
3. 주어진 원과 같은 넓이를 가지는 정사각형을 작도하라.

이 세 개의 난제는 수많은 수학자들의 연구 대상으로 여겨지며 오늘날까지 내려오고 있습니다.

| 난제 1 | 주어진 정육면체의 2배의 부피를 가지는 정육면체를 작도하라

'델로스 문제' 라고도 불리는 이 입방배적문제에는 다음과 같은 전설이 내려오고 있습니다.

먼 옛날 델로스 섬에 전염병이 번지기 시작했습니다. 이것을 신의 노여움이라고 생각한 델로스 섬 주민들은 아폴로 신전으로 가서 많은 공물을 바치고 기도를 올리며 병마를 쫓아줄 것을 빌었습니다. 오랜 기도 끝에 마침내 아폴로 신의 계시가 전달되었는데 다음과 같았습니다.

"지금 신전에 정육면체 모양의 제단이 있다. 이 제단보다 두 배의 부피를 갖는 정육면체 모양의 새 제단을 만들어라. 그리하면 전염병이 물러가리라."

신의 계시를 받은 델로스 섬 주민들은 아래의 그림과 같이 제단의 한 변의 길이를 두 배로 하는 새로운 제단을 만들어 아폴로 신전 앞에 놓았으나, 전염병은 도무지 수그러질 기세가 없었습니다. 이에 난감해진 델로스 사람들은 다시 한 번 아폴로 신전에 가서 기도하였습니다. 그랬더니 아폴로 신은 다음과 같이 말했습니다.

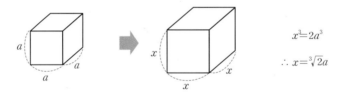

$$x^3 = 2a^3$$
$$\therefore x = \sqrt[3]{2}\,a$$

"나는 부피를 두 배로 하라고 요구했다. 그런데 한 변의 길이를 두 배로 만든 새로운 정육면체 모양의 제단의 부피는 8배가 된다. 이것은 내가 원하는 모양이 아니다."

'아, 그렇구나.' 하고 생각한 사람들은 이번에는 제전에 있는 제단과 똑같은 것을 하나 더 만들어서 전에 있던 제단 옆에 나란히 놓았습니다. 그래도 전염병은 멈추지 않았습니다. 당황한 델로스 섬 사람들은 다시 아폴로 신전에 가서 빌었습니다. 이때, 아폴로 신은

"이번에는 확실하게 부피가 두 배인 제단을 만들었다. 그러나 이 제단은 정육면체 모양이 아니다. 내가 원하는 형태는 전과 같은 정육면체이면서 부피는 본래의 두 배인 제단이다."

라고 하였습니다. 이렇게 하여 겨우 문제의 의미를 정확히 파악하고 이 문제의 연구를 본격적으로 시작했다는 전설이 전해지고 있습니다.

이와 관련해서 또 다른 유래가 있습니다. 제우스의 아들이자 크레타 섬의 왕인 미노스가 글라우코스를 위해 한 변이 100피트인 집을 지으려고 하였습니다. 그러나 집의 크기가 매우 작았으므로 미노스 왕은 목수들에게 부피를 두 배로 바꾸고, 변을 두 배로 키울 것을 명령하였습니다. 수학자들은 왕의 의도를 알아차리고 연구를 시작했으나 이것이 간단히 풀릴 문제가 아니라는 사실을 알아차렸다고 알려지고 있습니다.

이 문제에 관심을 가지고 해결하기 위해 도전한 수학자들이 있었습니다. 그들 중에 히포크라테스가 이 문제는 a와 $2a$ 사이에서 두 개의 비례중항 x와 y를 구하는 문제로 귀착된다는 사실을 발견하였습니다.

그는 a를 값을 알고 있는 상수이고, x를 구하려는 미지수라 하면 $x^2=2a^2$의 길이 x는 $x^2=a^2+a^2$에서 '피타고라스의 정리'를 적용해 직각을 낀 두 변이 a인 직각삼각형의 빗변이 x인 것을 알았습니다. 한편, 방정식은 $\dfrac{a}{x}=\dfrac{x}{2a}$로 변형되어 a와 $2a$ 사이의 비례중항을 구하는 것으로 변형됩니다. 이것을 이용하여

1) 한 변이 a인 입방체 두 개를 연결하고, 변의 길이가 $2a, a, a$인 블록을 만들면 부피는 $2a^3$이 됩니다.

2) 이 블록을 같은 부피의 다른 블록 즉, 각 변이 a, x, y인 블록으로 변형합니다. 그
러면, $xy = 2a^2$이므로 $\dfrac{a}{x} = \dfrac{y}{2a}$가 됩니다.

3) 2)의 블록을 이번에는 모든 변이 x와 같은 블록으로 변형합니다.

이것은 $x^2 = ay$을 의미하므로 $\dfrac{a}{x} = \dfrac{x}{y}$가 됩니다.

이렇게 해서 2), 3)에서 비례식 $\dfrac{a}{x} = \dfrac{x}{y} = \dfrac{y}{2a}$ … (M)을 얻습니다.

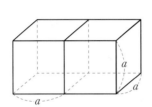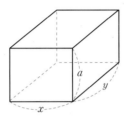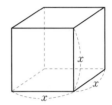

그러나 히포크라테스가 도달한 것은 여기까지였습니다. 그는 끝내 자와 컴퍼스만
을 사용해서 위의 식을 만족하는 x, y를 작도할 수 없었습니다.

이 문제에 도전한 또 다른 수학자는 플라톤의 친구이자 알렉산더 대왕의 선생이기
도 했던 메나이크모스입니다. 그는 원추체를 평면으로 재단한 단면의 곡선을 알고
있었는데, 그것을 사용해 입방배적문제를 풀기 위한 노력을 했습니다.

이를 알아보기 전에 먼저 현대 기법(記法)으로 살펴보면, 히포크라테스의 두 개의
비례 중항식

$$\frac{a}{x} = \frac{x}{y} \text{에서 } y = \frac{x^2}{a}, \ \frac{x}{y} = \frac{y}{2a} \text{에서 } x = \frac{y^2}{2a}$$

를 얻습니다. 그러면 이 두 개의 포물선 그래프의 교점 R의 x축 좌표가 구하는 x 값
이 원하는 정육면체의 한 변의 길이가 됩니다. ([그림 1] 참조) 비록 메나이크모스가 2
차 함수 그래프를 사용하지는 않았지만 아이디어는 같았습니다.

그 후 메나이크모스 시대로 들어서면서 차츰 그리스 수학의 교조주의가 싹트기 시작했습니다. 친구인 플라톤은 메나이크모스의 풀이가 기하학적으로, 즉 자와 컴퍼스만으로 작도할 수 없다고 지적하고, [그림 2]과 같은 연구를 하였습니다.

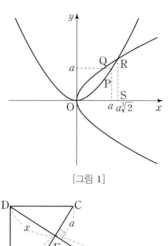

[그림 1]

△BAD와 △ADC는 직각삼각형이고 변 AD는 공통이며, 수선 AC와 BD는 점 E에서 만난다고 합시다. 그리고

$$\overline{EC}=a, \overline{EB}=2a, \overline{ED}=x, \overline{EA}=y$$

라 두면, 이들 양 사이에 방정식 (M)이 성립하게 됩니다.

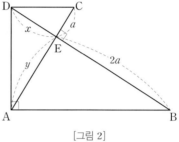

[그림 2]

그러나 이러한 관계를 만족하는 x, y도 역시 자와 컴퍼스만으로는 작도할 수 없었습니다.

신용카드 속에 숨어 있는 황금비율

일상생활에서 흔히 볼 수 있는 카드는 가로와 세로의 길이비가 황금비(대략 $1.618 : 1$)로 이루어져 있으며, 이 직사각형을 황금직사각형이라 합니다.

황금직사각형의 긴 변을 황금분할하면 하나의 정사각형과 작은 직사각형이 생기는데 이때, 새로 생겨난 작은 직사각형 역시 황금사각형이 됩니다.

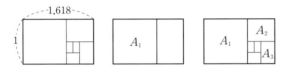

위의 그림처럼 세로, 가로의 길이를 각각 1, 1.618 인 직사각형에서 이런 과정을 반복하여 복제된 정사각형을 순서대로 A_1, A_2, $A_3 \cdots$ 이라 합시다.

그렇다면 A_5의 한 변의 길이를 a_5라 할 때, $10 \times a_5$의 값이 무엇일지 구해봅시다.

풀이

정사각형 A_1, A_2, $\cdots$의 한 변의 길이를 각각

a_1, a_2, a_3, $\cdots$라 하면

$a_1 = 1$, $a_2 = 1.618 - a_1 = 0.618$이고,

$a_1 = a_2 + a_3$, $a_2 = a_3 + a_4$, $a_3 = a_4 + a_5$ 이므로

$a_3 = 0.382$, $a_4 = 0.236$, $a_5 = 0.146$가 됩니다.

$\therefore 10 \times a_5 = 1.46$

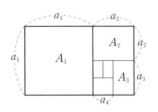

166

A4 용지 짧은 변의 길이를 구하라

지금은 대부분 A4 복사용지를 사용하고 있지만 1980년대까지만 해도 '레터' 지와 같이 지금의 A4 용지와 조금 다른 규격의 종이를 많이 사용했습니다. 하지만 다른 종류에 비해 종이 낭비가 없는 독일 규격에 밀려 지금은 전 세계적으로 A와 B 규격만 사용하게 되었습니다.

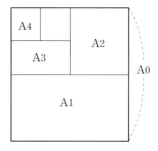

독일 공업규격위원회는 큰 종이(원지)를 반으로 자르는 과정을 몇 번 반복했는가에 따라 용지에 명칭을 붙였습니다.

예를 들어 A4 용지는 원지인 A0 용지를 반으로 자르는 것을 4번 되풀이하여 만들고, B5 용지는 B0 용지를 반으로 자르는 것을 5번 되풀이하여 만듭니다. 확대 · 축소 복사는 원래의 것과 크기가 다른 닮은꼴을 만드는 복사입니다. A4 용지에 인쇄된 것을 확대 복사해 A3 용지에 옮길 수 있도록 하기 위해 A3 용지와 A4 용지가 닮은꼴이 되게 하였습니다.

a	$\log a$
2.0000	0.301030
2.1020	0.322633
2.1021	0.322653
2.1022	0.322674
2.1023	0.322695
2.1024	0.322715

그렇다면 원래의 A0 용지의 넓이가 정확히 $1m^2$일 때, A4 용지의 짧은 변의 길이는 얼마일까요?

다음은 A3 용지를 이등분하여 두 개의 A4 용지를 만들어 놓은 그림입니다.

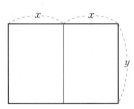

A3 용지와 A4 용지가 닮은꼴이므로 $2x:y=y:x$

따라서 $y^2=2x^2$ 즉 $y=\sqrt{2}x$

A4 용지의 넓이는 $xy=\sqrt{2}x^2=\left(\dfrac{1}{2}\right)^4(\mathrm{m}^2)=\dfrac{10^4}{2^4}(\mathrm{cm}^2)$

따라서 $x=10^2\times2^{-\frac{9}{4}}(\mathrm{cm})$

$\log10^2\times2^{-\frac{9}{4}}=2-\dfrac{9}{4}\log2=2-\dfrac{9}{4}\times0.301030=1.322683=1+\log2.1022$

그러므로 $x=21.022(\mathrm{cm})$

임의의 각을 삼등분하기 위해 작도하라

좀 더 어려운 문제를 찾던 고대 그리스 인들은 선분 다음으로 도형의 기본인 각을 다등분하는 문제를 풀려고 하다가 이 난제에 부딪혔습니다. 또는 정구각형을 작도하기 위해 $60°$의 각을 삼등분하려는 시도에서 시작되었다고도 합니다.

이 삼등분 문제를 '기울음 문제(verging problem)'라고 하며, 고대 그리스 인들은 각의 삼등분 문제로부터 변형된 기울음 문제들을 해결하는 과정에서 여러 가지 고차의 평면곡선들을 발견하게 되었습니다.

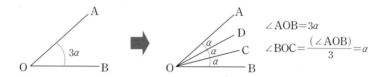

$\angle AOB = 3\alpha$

$\angle BOC = \dfrac{(\angle AOB)}{3} = \alpha$

플라톤의 친구인 히피아스라는 소피스트도 그중에 한 사람입니다. 그는 각의 삼등분을 위한 곡선인 원적곡선(quadratrix)을 발견하기도 했습니다. 과연 그는 어떤 방법으로 발견했을까요?

오른쪽 그림과 같이 한 변의 길이가 a인 정사각형ABCD에서 동경 $\overline{AF}$는 A를 중심으로 해서 $\overline{AB}$에서 $\overline{AD}$까지 등각 속도로 회전하고 있습니다. 또한 $\overline{GH}$는 $\overline{AB}$와 평행하게 등속도로 평행 이동하여 $\overline{DC}$에 도달합니다. 이때, 두 운동은 동시에 시작해 동시에 종점에 도달하는데 그 때 동경 $\overline{AF}$와 평행선 $\overline{GH}$의 교점 K의 궤적이 원적곡선 DKE입니다.

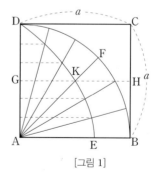

[그림 1]

따라서, 원적곡선 상에 점 X를 취하고, X의 $\overline{AB}$ 상에 밑으로 내린 수선의 발을 X′라 하면, 관계식

$$\angle XAB : \angle DAB = \overline{XX'} : \overline{DA}$$

가 성립합니다. (그림 2 참조) 따라서,

$$\overline{XX'} = \overline{DA} \cdot \left(\frac{\angle XAB}{90°} \right) = \left(\frac{a}{90°} \right) \cdot \angle XAB \cdots (*)$$

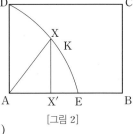

[그림 2]

여기에서, $\overline{AG} = 3\overline{AH}$라 두면, (*)에 의해

$$\overline{AG} = \left(\frac{a}{90°} \right) \cdot \angle XAB,$$

$$\overline{AH} = \left(\frac{a}{90°} \right) \cdot \angle YAB,$$

이므로 $\angle XAB = 3\angle YAB$가 됩니다. (그림 3 참조)

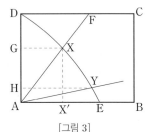

[그림 3]

하지만 히피아스의 이 방법은 유클리드 도구만을 사용해야 한다는 조건에 부합하지 않았기 때문에 인정되지 않았습니다.

고대 그리스 최대의 수학자 아르키메데스도 각의 삼등분 문제에 몰두하여 작도하는 도구를 개발했다고 전해지고 있습니다.

그림에서와 같이 중심 O, 반지름 r인 원을 그립니다. 이때, $\angle AOB$는 주어진 각입니다. 그런 다음 A에서 O의 방향으로 $\overline{AO}$를 연장하고, 그것과 점 B를 지나는 직선과의 교점을 D라 합니다. 다시 $\overline{BD}$와 원 O와의 교점을 C를 $\overline{CD} = r$이 되도

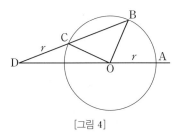

[그림 4]

록 결정합니다. 그러면 $\overline{DC} = \overline{CO} = \overline{OB} = r$이므로 이등변삼각형의 양 밑각은 같다는 것과 삼각형의 외각은 이웃하지 않는 두 내각의 합과 같다는 정리를 사용하면

$$\angle \mathrm{AOB} = \angle \mathrm{ODC} + \angle \mathrm{CBO} = \angle \mathrm{ODC} + \angle \mathrm{OCB}$$
$$= \angle \mathrm{ODC} + \angle \mathrm{ODC} + \angle \mathrm{COD}$$
$$= 3 \angle \mathrm{ODC}$$
$$= 3 \angle \mathrm{ADB}$$

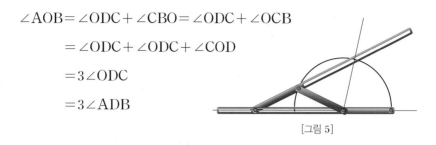

[그림 5]

가 되어 각이 삼등분됩니다. 이것을 작도하는 도구는 위의 그림과 같습니다. 그러나 이 방법도 역시 유클리드 도구 외에 다른 것이 사용됐습니다.

그 외에 각의 삼등분을 연구했던 고대인으로 니코메데스가 있습니다. 그에 대해서는 어떤 정보도 남아있지 않으며 다만 파포스가 쓴 여덟 권짜리 『수학집성(Synagoge)』의 제4권에 그의 업적만이 소개되어 있을 뿐입니다.

그림에서처럼 $\angle \mathrm{AOB}$를 삼등분을 하기 위해 먼저 $\overline{\mathrm{OB}} = a$라고 둡니다. 그리고 점 B에서 $\overline{\mathrm{OA}}$에 수선 BC를 내린 후 $\overline{\mathrm{BD}} /\!/ \overline{\mathrm{OA}}$라 하고, $\overline{\mathrm{PQ}} = 2\overline{\mathrm{OB}} = 2a$가 되도록 직선 OP를 긋습니다. 그러면,

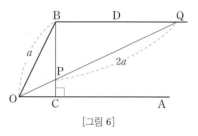

[그림 6]

$$\angle \mathrm{AOB} = 3 \angle \mathrm{AOQ}$$

가 됩니다. 그런 다음 점 O를 고정시킨 후, 자 위에 두 점 P, Q를 표시하고, $\overline{\mathrm{PQ}} = 2a$라 하여 직선 BD를 연장한 선상을 자의 끝 Q가 이동하고, 자는 반드시 정점 O를 지나도록 하면 점의 궤적은 콘코이드(Concoid ; 나사선)라는 곡선을 그리게 됩니다. 이 곡선을 사용하면 각의 삼등분을 만들 수 있지만 역시 인정되지 않았습니다.

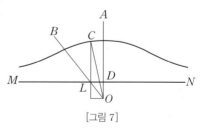

[그림 7]

분리되는 화학물질의 개수를 구하라

어떤 화학 물질 M, F는 1시간 후에 다음과 같이 변합니다.

> (가) M은 F로 변한다.
>
> (나) F는 M과 F 두 개로 분리된다.

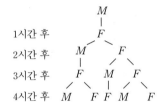

M이 한 개가 있을 때, 7시간이 지난 후 M, F의 총 개수는 얼마일까요?

풀이

1시간 후부터 개수를 수열로 나타내면 1, 2, 3, 5, 8, … 와 같이 되며,

이 수열을 $\{a_n\}$으로 나타내면

$$a_1=1,\ a_2=2 \qquad a_{n+2}=a_n+a_{n+1}\ (n \geq 1)$$

$$\therefore a_3=3,\ a_4=5,\ a_5=8,\ a_6=13,\ a_7=21$$

따라서 7시간 후의 개수는 21입니다.

172

복제되는 수의 개수

다음 그림과 같은 규칙으로 삼각형 모양의 표를 만들어 나갈 때, 제12행에 나오는 수들의 각 자리에 나타나는 숫자 중에서 1은 모두 몇 개인가요?

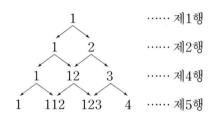

1	…… 제1행
1　2	…… 제2행
1　12　3	…… 제4행
1　112　123　4	…… 제5행

풀이

각 행의 1의 개수는 다음과 같이 복제됩니다.

　　1행　1(개)

　　2행　1(개)

　　3행　2(개)

　　4행　$2^2 = 4$(개)

　　5행　$2^3 = 8$(개)

　　⋮　　⋮

따라서 12행의 1의 개수는 $2^{(12-2)} = 2^{10} = 1024$(개)

주어진 원과 같은 넓이를 가지는 정사각형을 작도하라

옛부터 동양에서는 원은 하늘을 나타내고 정사각형은 땅을 나타내는 상징적인 도형으로 여겨 왔습니다. 그래서 그 면적에 대해서도 관심이 많았습니다. 하지만 그만큼 이 두 도형을 신성시하였기 때문에 둘의 크기를 비교하는 연구는 시도되어지지 않았습니다. 반면에 이집트 인들은 원의 넓이에 대한 관심이 특히 많았으며 이는 파피루스에도 기록이 남아있습니다. 예를 들어 그들은 반지름이 1인 원의 넓이를 $\left(\dfrac{16}{9}\right)^2$으로 계산하였고 이때 원주율을 3.16049로 사용한 흔적이 있습니다. 또한 논리적이고 실용적인 면을 중요시했던 고대 그리스인들은 농토의 경지를 정리하면서 곡선으로 되어있는 농토를 원이나 사각형으로 나누기를 원했습니다.

이때, 철학자 아낙사고라스가

"주어진 원과 똑같은 넓이를 가진 정사각형을 작도할 수 있는가?"

라는 문제를 생각하게 되었으며 이것을 '원적문제' 라고 부릅니다.

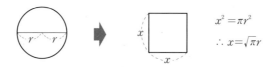

$$x^2 = \pi r^2$$
$$\therefore x = \sqrt{\pi} r$$

이는 반지름이 r이면 원의 면적은 πr^2이 되므로 $x^2 = \pi r^2$를 만족하는 x를 한 변의 길이로 갖는 정사각형을 작도하는 문제가 됩니다. 즉 길이가 r인 선분이 주어지면 그 길이의 $\sqrt{\pi}$배가 되는 선분을 눈금 없는 자와 컴퍼스만을 이용하여 작도하기 위한 도전이 되는 것입니다.

이 문제에 가장 먼저 도전장을 던진 사람은 아테네에서 활동한 웅변이며 정치가이자 수학자였던 안티폰이었습니다.

먼저 그는 주어진 다각형 ABCDEF와 같은 넓이를 갖는 정사각형을 그리기 위해 $\overline{AC}$와 나란한 직선을 점 B에서 그은 다음 $\overline{FA}$의 연장선과 만나는 점을 G라고 합니다.

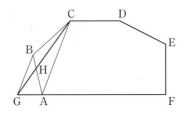

그러면 평행선의 성질에 의해 △ABC의 넓이와 △ACG의 넓이가 같아지기 때문에 다각형 ABCDEF보다 변의 개수가 한 개 부족하지만 같은 넓이를 갖는 다각형 GCDEF가 존재하게 됩니다. 이를 계속해서 반복하면 그림과 같이 주어진 다각형의 같은 넓이를 갖는 △G_3EF를 얻게 되는 것입니다. 결국 이 삼각형과 같은 넓이를 갖는 직사각형을 구한

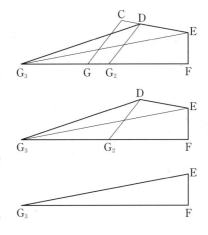

후, 비례중항을 통해 정사각형을 구할 수 있습니다. 이를 근거로 하여 안티폰은 원의 넓이와 같은 정사각형을 작도하는 문제를 주어진 원과 동일한 넓이를 갖는 다각형을 구한다는 문제로 생각한다면 가능하다고 본 것입니다.

우선 주어진 원에 내접하는 정사각형을 그린 다음, 이 정사각형의 각 변을 밑변으로 하고 원주 상에 꼭지점을 갖는 이등변 삼각형을 작도합니다. 원에 내접하는 정팔각형을 얻은 다음, 같은 방법으로 정십육각형을 만듭니다. 이를 계속해서 n번 반복하면 내접하는 정다각형을 얻게 됩니다. 이것은 정사각형의 넓이를 통해 원에 근접하는 넓이를 비교하는 피타고라스의 생각을 이어받은 것입니다. 그러나 이 방법은 논리적으로 무리가 있으며 실제로 접근해야 되는 대상인 원의 넓이를 그 당시에는 알 수 없었기 때문에 작도가 불가능한 이론이었습니다.

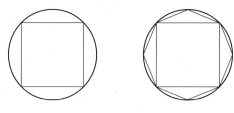

원에 내접하는 다각형

다음으로 각의 삼등분 문제에서 언급되었던 히피아스의 원적곡선을 이용하여 해결하는 방법이 있습니다.

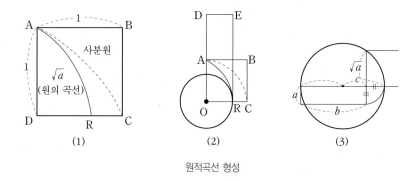

원적곡선 형성

그림에서와 같이 점 O를 중심으로 하고 반지름이 1인 원의 사분원이 반지름의 길이와 같은 정사각형 OABC에 내접한다면,

$$\widehat{AC} : \overline{OC} = \overline{OC} : \overline{OR}$$

이 성립합니다. 이때, $\widehat{AC} = \dfrac{\pi}{2}$ 이고 반지름 $\overline{OC} = 1$이므로 $\dfrac{\pi}{2} : 1 = 1 : \overline{OR}$ 에서

$\overline{OR} = \dfrac{2}{\pi}$ 가 됩니다. 여기에서, 점 O를 중심으로 하고 반지름을 $\overline{OR}$로 하는 원을 그리고 그 원의 넓이를 구하면,

$$\pi\left(\frac{2}{\pi}\right)^2=\frac{4}{\pi}=2\times\frac{2}{\pi}=2\times\left(1\times\frac{2}{\pi}\right)=(2\times\overline{AO})\times\overline{OR}$$

입니다. 즉 이 원의 넓이는 밑변이 $\overline{OR}$이고 높이가 $\overline{AO}$의 2배가 되는 직사각형 ODER의 넓이와 같아집니다.

그러나 이 곡선은 유클리드 도구를 이용해서 그릴 수 없는 것이므로 이 해결 방법도 인정되지 않았습니다.

이 밖에도 여러 수학자들의 다양한 도전들이 있었지만 아무도 성공하지 못했습니다. 하지만 이들의 여러 가지 시도로 인해 원뿔곡선, 초월수, 극한 등과 같은 수학의 중요한 부분들을 발견하게 되었습니다. 2,000여 년간 내려온 고대 그리스 인들의 3대 난제는 결국 19세기에 들어와 반트젤과 린데만에 의해 눈금 없는 자와 컴퍼스만으로는 작도가 불가능하다는 것이 대수학적으로 증명되었습니다.

박테리아를 파괴하라!

밤중에 한 개의 바이러스를 2005개의 박테리아가 들어있는 비커에 넣었습니다. 1초마다 1개의 바이러스가 한 개의 박테리아를 파괴하는데 그 뒤 남아있는 박테리아와 바이러스는 모두 2개로 분열합니다. 박테리아가 모두 파괴되었다면, 그동안 몇 번의 파괴가 일어난 것일까요?

n초 후의 바이러스의 개수를 a_n, 박테리아의 개수를 b_n이라 하면,

$a_0=1$, $b_0=2005$

$a_{n+1}=2a_n \Leftrightarrow a_n=a_1 \cdot 2^{n-1}=a_0 \cdot 2^n=2^n$

$b_{n+1}=2(b_n-a_n) \Leftrightarrow b_{n+1}=2b_n-2^{n+1} \cdots \bigcirc$

이때, $b_1=2b_0-2=2 \times 2005-2=2 \times 2004$

$\bigcirc$의 양변을 2^{n+1}로 나눕니다.

$\dfrac{b_{n+1}}{2^{n+1}}=\dfrac{b_n}{2^n}-1$

$\dfrac{b_n}{2^n}=\dfrac{b_1}{2^1}+(n-1) \cdot (-1)=2004+(n-1)(-1)=2005-n$

$\therefore b_n=2^n(2005-n)=0 \qquad \therefore n=2005$

즉 $n=2005$초 후에는 모두 파괴됩니다. 여기까지 파괴는

$a_0+a_1+\cdots+a_{n-1}=2^n-1=2^{2005}-1$번 일어납니다.

산타클로스 기계

지구보다 수천조 배 더 큰 행성의 표면을 몽땅 파헤치는 방법이 있을까?
우리 은하계의 별 1천억 개를 전부 탐사하는 방법이 있을까?

답은 있다. 자동복제 기계, 즉 그 행성이나 별에 있는 물질을 이용해 스스로를
복제할 수 있는 기계를 만들면 된다. 복제에 1주일 걸리는 기계가 있다면 10주
후에는 1천24대, 4개월 후에는 1백여만 대로 늘어난다. 이들이 굴착이나 탐사를
하게 만드는 것이다.

요한 폰 노이만

자동복제 기계의 개념은 헝가리의 수학자이며 물리학자인 요한 폰 노이만(1903~1957)이 49년 처음으
로 정리, 발표했다. 자동복제를 할 수 있으려면 논리적으로 ▶기계 자체▶설계도▶설계도 복사 장치▶작업
통제 장치 등의 4개 요소가 필수적이라며 복제 메커니즘을 제시한 것.

그로부터 4년 뒤 윗슨과 크리크는 생물 DNA의 이중 나선 구조를 밝혀내고, 노이만이 설명한 바로 그
방식으로 DNA 분자들이 복제함을 증명했다. 자동복제 기계의 정의는 현재 '생물'의 정의로 자리 잡았다. 지
구상의 생명체들은 모두 스스로를 복제할 수 있는 생물적 기계인 셈이다.

'노이만 기계'는 '산타클로스 기계'로도 불린다. 첫머리에 예시
한 것 같은 꿈같은 일을 이론적으로는 모두 가능케 하기 때문이다.
1980년 미국 항공우주국(NASA)은 과학자들에게 우주를 가장 효
율적이고 저렴하게 연구할 수 있는 방법을 구상해 보라는 과제를
주었다. 과학자들은 달을 인간이 거주할 수 있는 장소로 만든다는
목표를 설정했다.

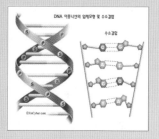

이들은 1백 톤짜리 자동복제기계 한 대면 주택·발전소·발전
소 건설 등의 중요 과제를 완수할 수 있을 것이라고 결론지었다. 제
작에 엄청난 비용이 들겠지만 단 한 대만 달로 보내면 된다.

지난 9일 이탈리아의 한 연구팀은 수십억 년 전의 운석 속에서 박테리아 세포가 분열하고 있는 것을 발견
했다고 발표했다(5월 11일자 15면). 지난 2월 NASA 연구팀은 화성 운석 속의 수정에서 박테리아의 흔적
을 발견했다고 발표했다.

우리 은하계의 행성 1조 개(추정) 중 상당수에서 생명체들이 진화했을 가능성을 생각하게 하는 대목이다.
그중에는 지구보다 앞선 문명도 있을 것이다.

그런 외계인이 광대한 은하계를 모두 탐사하고 싶다면 당연히 노이만 기계를 만들지 않았을까.

우리가 우주에서 만나게 되는 외계지능의 첫 징후는 자동복제 기계일 가능성이 크다고 과학자들은 보고
있다.
　　　　　　　　　　　　　　　　　　　　　　　　　　　　　　　 - 「중앙일보」 2001. 05. 13. 조현욱 문화부 차장

2 인간복제, 미래의 재창조

인간의 욕망의 끝은 어디까지이며, 과학의 발전은 과연 어느 영역까지 갈 수 있을까요?

고대 그리스 시대부터 시작된 기하학의 '같은 것' 이라는 '합동' 의 의미가 점차 수많은 분야에서 전개되었고, 여러 학자들의 생각이 어울려 이제는 생체공학을 통해 '생명의 합동' 이라는 단계까지 도달하였습니다. 비록 '인간복제' 를 윤리적인 입장에서 바라보면 부당할 수도 있지만, DNA라는 생명의 암호 해독과 재합성을 과학적인 원리와 긍정적인 응용(식량 문제 등)에서 보면 인간의 역사에 있어서 매우 대단한 발견이라 할 수 있습니다. 인간의 자연복제인 일란성·이란성 쌍둥이의 비밀, 다운증후군과 같은 인간의 돌연변이 등에 대한 정확한 이해와 의학적인 해결책을 제시하고 있기 때문입니다. 더 나아가서는 우리 몸 속 세포의 재생을 통해 중국의 진시황이 그토록 바랐던, 그리고 이 글을 읽고 있는 독자들이 한번쯤 기대해보았을 인류 최대의 욕망인 '불로장생' 과 신의 영역인 '생명창조' 도 언젠가는 현실이 될 수 있습니다.

영화 「아일랜드」 포스터

2005년 여름에 개봉된 마이클 베이 감독의 SF액션 영화 「아일랜드」(The Island, 2005)는 미래의 복제 인간이 '진짜 인간' 에 맞서 자유를 찾는 과정을 그린 영화입니다. 영화 「아일랜드」는 만약 '클론(복제인간)'을 만드는 게 가능하다면 오래 살기 위해 '또 하나의 나'를 복제하겠는지, 그리고 자신의 수명을 연장하려고 다른 사람의 생명을 빼앗을 수 있겠는지, 과연 인간의 이기심은 어디까지 갈 것인지에 대해 의문을 가지게 합니다.

영화에서 클론(복제인간)의 존재 이유는 단지 스폰서(인간)의 요구에 의해 장기와 아이를 제공하기 위함입니다. 클론으로 복제되어진 주인공들은 희망의 땅 '아일랜드'에 가고자 갈망하지만 실제로 그곳은 클론들이 진짜 인간들의 필요에 의해 무참히 살해되어 장기를 적출 당하고, 산모가 아이를 출산한 후 제거 당하는 '죽음의 공간'이었습니다. 영화는 이렇게 생명에 대한 인간의 무제한적인 욕망의 산실을 거리낌없이 묘사하고 있습니다.

또한 과학기술에 의해 복제된 클론이 본체의 기억을 떠올리는 형태공명(形態共鳴) 현상을 통해 클론이 사람의 기억과 학습된 능력까지도 발휘할 수 있다는 것을 보여줍니다. 이는 현실에서도 일어날 수 있는 일입니다. 예를 들어 일란성 쌍둥이의 경우 한 아이가 아프면 다른 아이도 같은 부위가 아프다던가, 어렸을 때 헤어져서 성장했지만 신기하게도 비슷한 삶을 살고 있다는 것 등이 그러한 예입니다.

즉, '완전한 복제'는 자연이 먼저 시작했으며 인간은 이것을 수학적 · 과학적으로 조절할 수 있길 원하고 있는 것입니다.

과연 영화에서처럼 이러한 모든 일들이 가능한 것일까요? 그렇다면 현대의 과학은 어느 정도까지 발전한 것일까요?

면역성과 유전자는 관계있을까?

살충제는 농작물, 정원 및 가정에 해를 입히는 곤충의 피해를 줄이는 데 이용되는 독성 물질입니다. 처음 DDT와 말리티온과 같은 살충제를 사용했을 때에는 비교적 적은 양으로도 많은 곤충을 죽일 수 있었지만 시간이 지남에 따라서 점점 그 효과가 줄어들었습니다. 또한 사람의 세균성 질환을 치료하는 데 사용하는 항생제도 반복적으로 사용하다 보면 항생제에 대한 저항성을 가진 세균이 나타납니다.

어떤 사람이 이런 사실을 근거로 하여 "살충제나 항생제가 곤충이나 박테리아의 저항성을 생성하도록 하였다"는 결론을 내렸습니다. 이 사람의 결론이 타당한지 말해 보시오.

결론부터 얘기하면 타당하지 않습니다. 살충제나 항생제와 같은 환경요인은 '저항성'과 같은 새로운 형질을 만들 수 없습니다. 단지 이러한 환경요인이 이미 집단 속에서 존재하는 형질 가운데에서 특별한 형질만을 선별할 뿐입니다. 살충제나 항생제는 곤충이나 박테리아 대부분을 제거하지만 살아남은 소수의 곤충이나 박테리아는 살충제나 항생제의 생물 공격에 어느 정도 저항할 수 있는 유전자를 가진 개체이거나, 살충제와 항생제를 파괴시키는 유전자를 가진 개체인 것입니다.

따라서 이와 같은 방법으로 생존한 개체가 계속 증식한다면, 세대가 지남에 따라 집단 내에 저항성을 가진 개체의 비율은 점차 증가할 것입니다. 즉 살충제나 항생제에 의해 새롭게 '저항성'을 가진 개체가 생겨나는 것이 아니라, 이미 존재하던 저항성 개체가 자연적으로 선택된 결과인 것입니다.

일란성 쌍둥이는 정말로 유전자가 동일한가?

같은 부모에게서 태어난 형제가 일란성 쌍생아와 같이 유전적 형질이 동일할 확률
은 얼마일지 생각해봅시다.

사람의 염색체수는 $2n=46$, 즉 23쌍의 상동염색체를 가지고 있습니다. 한 쌍의 상동염
색체 중 하나는 아버지에게서, 다른 하나는 어머니에게서 물려받은 것으로 모양과 크기는
동일하지만 가지고 있는 유전자는 서로 다릅니다. 따라서 23쌍의 염색체가 제1 감수분열
중기에 적도면에 배열하는 방법은 $2^{23}=8,388,608$ 가지가 됩니다. 형제가 유전적으로 동
일하려면 부모에게서 만들어진 정자와 난자가 모두 유전적으로 동일해야 하므로 형제가 유
전적으로 동일한 형질을 가질 확률은 약 $\dfrac{1}{70조}\left(\fallingdotseq\dfrac{1}{840만}\times\dfrac{1}{840만}\right)$이 됩니다. 따라서
부부가 약 70조 명의 자녀를 낳으면 일란성 쌍생아와 같이 유전적 형질이 동일한 형제를 얻
을 수 있으나 이는 현실적으로 불가능합니다.

① DNA의 비밀과 인간 게놈 프로젝트

지구 상의 생명체를 구성하고 있는 가장 작은 단위는 세포입니다. 사람의 몸은 약 60~100조 개의 세포로 이루어져 있으며, 각 세포의 핵에는 46개의 염색체가 존재합니다. 유전정보는 바로 이 염색체에 담겨 있습니다. 그 중에서 23개는 정자를 통해 아버지로부터 받고, 다른 23개는 난자를 통해서 어머니로부터 물려받습니다. 각 염색체는 22쌍의 상염색체와 성을 결정하는 성염색체 X, Y까지 모두 23쌍의 염색체로 구성되어있습니다.

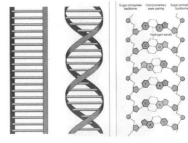

DNA 구성

23쌍의 염색체는 모든 생명체가 갖고 있는 정보의 기본 단위인 유전자(gene)를 분석할 수 있는 DNA(디옥시리보 핵산)로 이루어져 있으며, 바로 여기에 모든 생명 활동의 정보가 암호화되어 들어있습니다.

한 개의 염색체에는 수천 개의 유전자들이 수천 쌍의 염기로 구성되어 있습니다. 그들은 길이가 1.5m이고 무게가 1천억 분의 1g에 불과한 DNA 가닥에 약 30억 쌍 이상으로 감겨져 있습니다. 이 생물에 담겨있는 유전정보 전체, 즉 23쌍의 염색체 세트를 유전자(gene)와 염색체(chromosome)라는 두 단어를 합성해 만든 '게놈(genome)' 이라고 합니다.

우리 인간의 유전자는 전체 유전체의 약 3%에 해당되며 특히 후세에 똑같은 형질을 전달할 수 있는 유전 정보를 가지고 있는 DNA를 지니고 있습니다. 이것은 생명체의 가장 중심적인 위치에 있습니다. 다시 말하면 인간의 게놈은 인간의 생명에 관한 모든 정보를 다루고 있는 중요 프로그램이라고 할 수 있는 것입니다. 주변의 가까운 가족이나 친지들을 포함하여 모든 사람마다 개인의 성격, 행동, 지능과 소질에서 차이가 나는 것은 이 '생명의 프로그램'이 다르기 때문입니다. 이를 좀 더 살펴보면, 인간의 게놈을 n이라고 할 때, 체세포는 $2n$, 정자나 난자는 n이며 이를 핵상이라고 합니다. 새로 태어난 아기가 아버지나 어머니의 모습과 그들의 여러 가지 성격을 닮는 것은 이것을 지시하는 생물학적 정보가 바로 이 핵상(DNA) 안에 들어있기 때문이라고 보고있습니다. 즉 이 정보들이 어머니와 아버지에게서 받는 23개의 염색체 안에 각각 들어있는 DNA에 숨겨져 있다는 것입니다.

염기끼리의 결합에 의한 이중나선구조를 가지고 있는 DNA의 복잡하고 수많은 염기들은 아데닌(A), 구아닌(G), 시토신(C), 티민(T)이라는 네 종류의 화학적 알파벳으로 기록되어 있습니다. 그리고 이들은 $A-T, T-A, G-C, C-G$와 같은 4가지 염기쌍의 결합을 통해 유전암호를 만듭니다.

인간 게놈지도 완성은 바로 게놈을 이루고 있는 수십억만 개의 염기가 어떤 순서로 배열돼 있는지 밝혀내는 것을 말합니다. 미국 에너지부와 국립보건원이 주축이 돼 1990년 10월 1일부터 인간 유전자의 전체 구조를 밝히기 위해 진행하는 프로젝트가 인간 게놈 프로젝트(Human Genome Project, HGP)입니다.

DNA의 정보 구현 방식과 범위는 이미 정해져 있으므로 일종의 프로그램이라고 말할 수 있습니다. 인체 내 세포에서는 항상 유전자의 지시에 따라 필요한 단백질이 만들어지고 있기 때문에, 이에 따라 태아의 성과 인종의 결정 등은 물론 인간이 수십 년 후에 특정 질병에 걸릴 위험까지 결정되어 있다고 봅니다. 그러므로 인간 게놈 프로젝트는 생명의 비밀을 밝혀 인간 개개인을 파악하고 질병을 예방하는 데에 필요한 연구입니다.

이 연구의 핵심인 DNA의 염기배열과 정보는 DNA와 구조가 비슷한 또 다른 유전물질인 mRNA로 전달되는데, 이 mRNA의 염기 3개에 맞춰 인체에서 다양한 생리현상을 주관하는 단백질의 기본단위인 아미노산 하나가 만들어집니다. 예를 들어 TTT는 페닐을 결정하고 CTT, CTC, CTA, CTG는 모두 류신이라는 아미노산의 유전정보를 나타냅니다.

이렇게 DNA의 염기배열에 따라 궁극적으로 어떤 단백질이 만들어지는지 결정되는데, 일부 염기서열이 중복돼 동일한 아미노산을 가리키는 이유는 3개의 염기서열로 나타낼 수 있는 경우의 수가 $4 \times 4 \times 4 = 64$인데 비해 실제 서로 다른 아미노산의 개수는 약 20개이기 때문입니다. 때로는 3개의 염기로 구성된 정보가 특정한 아미노산을 지정하는 대신 다른 특별한 기능을 지시하기도 합니다.

DNA 염기사슬은 일종의 프로그램과 같아서 $ATG - TTT - \cdots - \cdots - TAA$처럼 염기 3개로 구성된 기본 단위가 같게 연결돼 있으며, 이때 ATG는 프로그램의 시작을 나타내고 TAA, TAG, TGA는 해당 프로그램의 종료를 뜻합니다.

이러한 인간 유전체(게놈)의 전체 염기서열을 밝히기 위해 제일 먼저 해야 할 일은 24개의 염색체에 나뉘어 있는 33억 염기쌍을 BAC(Bacterial Artificial Chromosome) 클론이라는 조각으로 나누는 일입니다. 하지만 평균 크기가 약 15만 염기쌍 정도로 되어 있어서 자동 염기서열 분석 장치는 한 번에 이 염기쌍들을 읽을 수 없기 때문에 제한 효소들을 통해 BAC 클론을 무작위로 자른 뒤 원래의 서열을 '짜깁기하는 작업'(contig assembly)을 수행합니다. 이때 생기는 유전자를 cDNA라고 합니다. 염색체들은 서로 다른 밴딩 형태와 크기의 차이에 따라 구별되며, 체세포 분열시 세포주기의 특정 시기에 응축되는 특징이 있습니다.

이 과정에서 가장 많이 사용되는 기술이 전기영동 방법입니다. 예전에는 표준 전기영동 방법을 사용했지만 DNA의 크기에 의한 좀 더 정확한 서열을 알기 위해 젤 전기영동 방법을 더 많이 이용합니다.

젤 전기영동 방법은 DNA를 분석하는 기법 중 하나로 염기쌍의 개수에 따라 젤 상에서 전하를 띤 DNA의 움직임이 달라지는 성질을 이용하는 것입니다. 이 젤 전기영동 방법을 이용한 DNA 조각 분석 방법은 '동일한 DNA는 동일한 거리만큼 이동한다' 는 기본 원리로 개발되었습니다.

이러한 젤 전기영동 방법은 다음과 같은 과정을 거칩니다.

젤의 홈에 DNA를 넣고 완충용액에 전기를 흘려 DNA가 전기의 양극으로 이동하면서 큰 것부터 작은 것의 크기에 따라 전개되어 DNA밴드를 이루도록 하는 방법입니다. 하지만 젤 전기영동 방법만으로는 확인할 수 없기 때문에 젤을 ETBR용액에 담근 다음 염색이 된 DNA밴드를 통해 UV조사를 합니다. 그런 다음에는 이미 알고 있는 DNA(비교대상)인 a와 모르고 있는 DNA(비교하려는)인 b를 함께 전기영동을 해서 MW marker를 통해 그 크기를 비교하고 결정합니다. 이때, DNA는 크기인 c에 대해 젤에서의 이동 거리 d가 반비례한다는 것을 알 수 있습니다.

유전정보인 게놈의 해독을 통해 인간 유전자를 전체적으로 파악하게 되면, 이를 바탕으로 각 유전자의 작용을 알아내 결함을 수정하고 기능을 강화하는 등 다양한 생물 공학적 응용이 가능해집니다. 그리고 인간 게놈 연구를 통하여 얻을 수 있는 직접적인 결과는 인간과 생물의 유전 정보이며, 여기에 새로운 과학의 창출이 이루어지는 것입니다. 또한 화석 연료의 고갈로 인한 석유 산업의 마감을 생물 산업이 대신하게 될 수도 있는 것입니다. 이렇게 생명 공학은 식량·의료·에너지·환경 문제를 해결 해주는 유일한 대안이며 그중에서도 유전학은 21세기를 주도하게 될 것입니다.

체세포분열과 생식세포분열

생식은 생물과 무생물을 구분하는 가장 두드러진 특징 중의 하나입니다. 생물은 죽어서도 그것의 고유한 형질은 생식을 통하여 자손에게 이어지며 그 자손은 환경에 적응하면서 새로운 형질을 얻어 진화하기도 합니다. 이에 대한 생물학적 과정 중 하나가 세포분열입니다. 세포분열에는 두 가지 종류의 분열이 있습니다.

* 체세포분열

다세포 생물의 체세포에서 생장, 발생 및 재생 시 수반되는 세포분열, 핵분열과 세포질분열의 두 단계로 일어납니다. 핵분열은 연속적인 과정이지만 편의상 전기, 중기, 후기, 말기 등 단계로 구분합니다.

* 생식세포분열

한 번의 DNA 복제 후 연속된 2회의 핵분열에 의해 염색체의 수

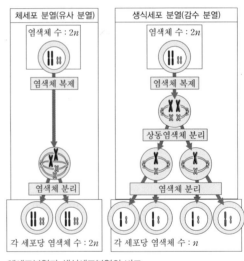

체세포분열과 생식세포분열의 비교

와 DNA의 양이 반으로 줄어든 4개의 생식세포를 만드는 과정으로 감수분열이라고도 부릅니다.

당나귀의 정자는 31개의 염색체를 가지고 있고, 말의 난자는 32개의 염색체를 가

지고 있습니다. 이들이 수정되어 노새가 태어납니다.

(1) 노새의 체세포가 가지고 있는 염색체의 수를 구해봅시다.

(2) 노새가 생식 능력이 없는 이유를 설명해봅시다.

(3) 노새가 감수분열(생식세포분열)은 할 수 없으나 체세포분열은 정상적으로 할 수 있는 이유는 무엇인지 말해봅시다.

 풀이

(1) 당나귀의 정자는 31개의 염색체를 가지며 말의 난자는 32개의 염색체를 가지므로 이들이 수정되어 태어난 노새는 63개의 염색체를 가집니다.

(2) 노새는 상동염색체가 없으므로 제1감수분열(생식세포분열) 전기 때 상동염색체의 접합이 일어날 수 없습니다. 즉, 감수분열이 일어날 수 없으므로 생식세포가 형성되지 않는 것입니다.

(3) 체세포분열은 간기에 염색체를 복제하여 두 개의 염색분체를 가진 염색체를 형성하였다가 분열 시 염색분체가 나누어져 각각의 딸세포에 나누는 분열입니다. 그러므로 체세포분열은 염색체의 수가 홀수이거나, 상동염색체가 존재하지 않아도 일어날 수 있습니다. 그러나 감수분열은 제1감수분열 전기 때 상동염색체 사이의 접합이 먼저 일어나야 하므로 상동염색체가 존재하지 않거나 홀수로 존재하면 감수분열이 일어나지 않습니다.

② 더 이상 인간의 비밀은 없다?

DNA 염기서열 정보 분석이 복잡한 현대 사회에서 많은 부분에 활용되고 있습니다. 그 이유는 생물의 유전물질인 유전자(DNA)가 품종, 성별 및 개체마다 특징적인 구조를 가지고 있기 때문입니다. DNA 염기서열 분석은 이와 같은 유전자 구조의 차이를 비교하여 식별하는 유전자 감식 방법을 통해서 이루어집니다.

예를 들어 배우자의 부정 등과 관련된 친자확인, 미아 · 입양아 · 사생아의 친자확인, 살인이나 강간 등 강력 범죄에서의 범인색출, 정액흔 · 혈흔 · 모근세포 · 타액 등에서의 DNA 분리에 의한 신원확인 및 범인색출, 각종 질환의 원인에 대한 유전자 진단, 각종 병원균의 감염여부 판정, 한우와 수입우 같은 농축산물의 원산지 및 품종 확인 등이 있습니다.

사람의 DNA 중 저마다 다른 형태를 가지고 있는 특정부위 일부를 연쇄반응(PCR : polymerase chain reaction)을 이용하여 선택적으로 증폭하고 시각화해서 비교 분석하는 유전자 감식 방법은

시료채취 ⇒ DNA추출 ⇒ DNA증폭 ⇒ DNA 프로필 분석 ⇒ 통계학적인 분석

으로 5단계를 거칩니다.

먼저 시료채취는 머리카락(모근 포함), 구강세포, 혈흔 등 세포를 가진 생체의 일부분을 채취하는 것입니다. 시료채취 후에는 DNA를 감싸고 있는 세포막, 단백질, 지방 등을 제거해 DNA만을 분리하여 추출합니다. 그

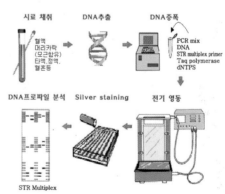

유전자 감식방법 단계

DNA는 분석하기에 양이 너무 적기 때문에 중합효소연쇄반응(PCR)을 통해 특정 DNA부위를 100만 배 이상 증폭시켜야 합니다. 다음으로 증폭된 DNA를 전기영동에 의해 분리하여 염색해서 DNA 프로필을 분석합니다. 이것은 표준대립형질 및 내조 DNA형과 비교 분석하여 검사자의 유전자형을 결정하는 역할을 합니다. 분석결과에 대해 확률을 통계학적인 방법으로 분석하여 일치하는 확률 값을 산출합니다. 예를 들어 친자 확인을 위한 유전자 감식의 경우, 친부지수(PI:Paternity Index)가 친부인 사람과 임의의 사람이 주어진 프로필을 제공할 수 있는 가능성비로 수치가 높을수록 우연히 일치할 확률이 낮아지기 때문에 친자확인 검사는 이런 유전좌위를 10좌위 이상을 검사하여 친자확률(Probability of Paternity)을 99.9%이상 얻어야 합니다.

이러한 유전자 감식 방법은 여러 분야에서 다양하게 활용되고 있습니다. 최근에는 유전 공학 연구에 의해 유전자, 혈흔, 지문 및 홍채, 안면복원, 치아감정 등 법의학을 이용한 범죄 수사와 그 성과에 대한 관심이 높아지고 있습니다.

지난 2000년 처음 방영을 시작한 이래로 시즌 5를 비롯하여 스핀오프(Spin-Off) 시리즈에서 현재 「CSI Miami」와 「CSI NY(New York)」가 제작되어 방영되고 있는 드라마 「CSI(Crime Scense Imverstigation)」는 감식 과학수사관이 사건을 해결하는데 있어서 가장 중요한 역할을 하고 있는 미국 CBS 방송국의 인기 드라마입니다.

드라마는 이미 숨이 끊어진 피해자와 살인 사건의 현장에서 분주하게 움직이고 있는 경찰들 사이에서 바닥에 떨어진 여러 증거물들을 찾기 위해 조사를 하고 있는 과학수사대원들의 모습으로 시작합니다.

과학수사대의 범인 추적 과정을 살펴보면, 그들은 먼저 피해자의 외상을 통해 사인(死因)을 확인하고 피해자의 모습을 사진에 담은 후, 사체 주위를 흰 선으로 표시해 놓습니다. 그런 다음 피해자를 중심으로 그 주변을 자세히 살펴 범인을 잡을 결정적인 단서를 찾아갑니다.

이 과정에서 과학수사대는 피 속의 헤모글로빈이 철 성분과 반응하는 '루미놀 반응'을 통해 혈흔 반응여부를 보고, 바닥에 떨어진 혈흔의 방향과 피가 튄 모양을 가지고 최초의 사건 발생 지점을 찾아냅니다. 또한 혈흔이 피해자의 것인지 아니면 가해자의 피가 섞여 있는지의 정보를 알아내기 위해 바닥의 핏자국 등을 하나하나 수집합니다. 이 작업은 피해자의 부검과 함께 DNA 지문 분석 결과로 진짜 용의자를 찾아내는 역할을 합니다.

지난 2006년에 일어난 '서래마을 사건'을 기억하고 있을 것입니다. 국립과학수사단은 이 유전자 감식 방법을 사용하여 영아 유기 사건의 진짜 범인을 찾았습니다. 사건의 내용은 다음과 같습니다.

2006년 7월 23일 서울 반포동 서래마을에 사는 프랑스인 장 루이 쿠루조 씨는 자신의 집 냉동고에 아기 시신이 들어 있었다며 방배경찰서에 신고를 했습니다. 쿠르조 씨는 2002년 8월에 아내 베로니크와 두 아들과 함께 한국에서 살고 있는 사람으로, 그의 가족은 6월말 모두 프랑스로 휴가를 갔다가 쿠르조 씨 홀로 회사일 때문에 7월 18일 귀국하였습니다. 택배로 받은 간고등어를 냉동고에 넣다가 두 구의 영아 시신을 발견하여 경찰에 신고를 한 것입니다. 이 사건은 한국에서 벌어진 프랑스 인의 살인사건이었고, 프랑스 인들의 거부 반응이 국민적 감정까지 자극하면서 한동안 커다란 관심거리가 되었습니다.

이 사건을 담당하던 방배동 경찰서는 의문투성이인 이 사건을 해결하기 위해 먼저 시신에서 DNA를 추출하고 쿠르조 부부의 DNA와 비교하기를 원했습니다. 그러나 쿠르조 부부가 프랑스에서 한국으로 돌아오기를 거부했기 때문에 경찰은 칫솔과 귀이개 등을 수거하여 국립과학수사연구소로 보냈습니다. 칫솔은 구강세포를 얻을 수 있는 훌륭한 증거물이었습니다. 국립과학수사대는 영아들의 DNA와 쿠르조 부부의 DNA로 친자검사를 하여 결국 버려진 영아가 쿠르조 부부의 아들들임을 입증하였습니다.

그들이 사용한 방법은 미토콘드리아를 통한 DNA 검사와 폐부유 실험이었습니다. 폐부유 실험을 통해 공기가 들어가 있는 허파꽈리가 물에 뜨는 것을 확인하여 아기가 사산이 아니라는 사실을 알게되었습니다. 그리고 100% 엄마에게서만 유전된다는 세포 내 소기관인 미토콘드리아에 대한 DNA가 죽은 아기와 현장에서 발견된 여성의 것이 일치한다는 것을 밝혀냈습니다. 이는 보통 15개 정도의 DNA 마커(marker, 지역)들을 비교해서 공통점이 계속 발견되면 99.99%의 통계학적인 신뢰도로 부모자식 관계임을 선언할 수 있기 때문입니다.

다음은 이 사건에 관한 신문 기사입니다.

서래마을 영아유기의 진실

생체 내에서 가위 역할을 하는 제한효소를 이용해 DNA를 절단하면 사람마다 독특한 DNA 조각이 얻어집니다. 이 조각을 '젤 전기영동'이라는 방법으로 분석하여 개인별로 특정적인 DNA 패턴이 얻어 분석하는 과정을 'DNA 핑거프린팅'이라고 합니다. '유전자 감식'을 서래 마을의 영아 유기 사건을 예로 알아봅시다.

(1) 제한효소를 이용한 DNA 사슬 절단

(2) 젤 전기영동 패턴

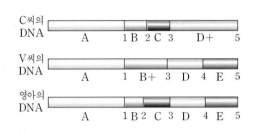

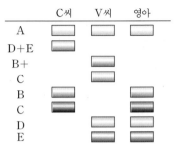

유전자 감식의 기초

　(1)은 이번 사건의 유력한 용의자인 C씨, V씨 그리고 발견된 영아의 특정한 유전자를 원하는 염기서열 위치에서 a－제한효소로 처리한 결과를 보여 주고 있습니다.

　제한효소를 가한 결과 세 사람의 유전자는 1번부터 5번까지 다섯 군데에서 절단돼 5종류의 DNA 조각 A, B, C, D, E가 생겼습니다. 그런데 V씨의 경우는 2번 절단 위치, C씨의 경우는 4번 절단위치의 염기서열이 달라 DNA가 잘라지지 않았습니다. 대신에 B＋C와 D＋E라는 약간 다른 DNA 조각이 각각 얻어졌습니다. 이렇게 얻어진 세 사람의 DNA 샘플을 젤 전기영동을 통해 분석하면 그림에서 (2)와 같은 패턴이 얻어집니다. 세 사람의 DNA 조각이 서로 다른 패턴을 보이는 이유는 이 조각들의 전하량과 질량이 다르기 때문입니다. 이 중에서 A조각은 모든 사람이 공유하는 유전자이고 나머지 부분이 사람마다 조금씩 다른 유전자 지문에 해당합니다. 따라서 영아의 유전자를 분석한 결과 C씨와 V씨가 영아의 친부모라는 사실이 밝혀진 것입니다. 이렇게 유전자 감식법은 범죄 현장에 남아있는 극소량의 체액에서 발견된 DNA 절편에서도 적용할 수 있어 범죄현장에서 피해자나 범인의 신원을 확인하는 중요한 방법이 되고 있습니다.

〈자료출처 : 2006년도 「부산일보」, 「한국일보」〉

유전자 돌연변이

유전자 돌연변이란 DNA의 뉴클레오티드 서열의 모든 변화를 말하는데,

ⓐ 하나의 염기 또는 뉴클레오티드가 다른 염기나 뉴클레오티드로 바뀌는 경우와

ⓑ 하나 또는 그 이상의 뉴클레오티드가 삽입되거나 결실되는 경우로 나눌 수 있습니다.

(1) ⓐ의 경우와 같은 유전자 돌연변이는 그 개체에 어떤 영향을 줄까요? 그 이유를 설명해봅시다.

(2) ⓑ의 경우는 어떠할지 설명해봅시다.

 풀 이

(1) 하나의 염기가 다른 염기로 치환된 경우, 염기가 치환된 부분이 어떻게 번역되느냐에 따라 DNA의 뉴클레오티드 서열의 변화에 많은 차이가 있습니다. 단백질의 변화가 전혀 없거나 미약한 변화가 있을 수도 있고 경우에 따라 중대한 영향을 주는 변화가 생길 수도 있습니다. 또한 DNA의 뉴클레오티드 서열이 변화하였는데도 단백질에 변화가 전혀 없을 수 있는 이유는 유전 암호의 축퇴성(redundancy) 때문입니다. 예를 들어 돌연변이에 의해서 mRNA의 코드 GAA가 GAG로 바뀌었다면 단백질에는 아무런 영향이 없습니다. 그 이유는 GAA와 GAG가 모두 같은 아미노산인 글루탐산(Glu)을 지정하는 암호이기 때문입니다. 이는 실제로 많은 종류의 아미노산의

경우 대응하는 코드(암호)가 여러 가지이므로 염기의 치환이 곧 아미노산의 변화를 의미하지는 않는 것입니다.

또한 많은 경우 아미노산이 바뀌고, 심지어 정지 코드로 바뀌기도 합니다. 이 경우에도 아미노산의 변화가 단백질의 기능에 큰 영향을 주지 않을 수 있고 겸형적혈구 빈혈증처럼 단백질의 기능에 큰 영향을 줄 수도 있습니다. 그리고 아주 드물게는 이러한 변화가 단백질의 기능을 향상시키거나 새로운 기능을 가지게 되어 돌연변이체와 그 자손의 생존에 우월성을 주기도 하지만 대부분의 돌연변이체에 불리하게 작용합니다.

(2) 유전자에서 하나 또는 그 이상의 뉴클레오티드가 삽입되거나 결실되는 돌연변이는 매우 큰 변화를 일으킵니다. 그것은 유전자 암호가 트리플릿 코드(triplet code)로 이루어져 있으므로 뉴클레오티드가 삽입되거나 결실된 이후의 모든 뉴클레오티드는 다른 유전 암호로 변하며 또한 정지 코드의 위치도 변하기 때문입니다. 따라서 돌연변이가 발생하지 않은 정상적인 단백질과는 전혀 다른 단백질이 생기게 되는데 이렇게 변화된 단백질이 정상 단백질과 같은 기능 또는 그보다 향상된 기능을 수행할 가능성은 거의 없습니다.

아프리카계 미국인들의 빈혈원인

미국인 중에서 아프리카가 고향인 아프리카계 미국인은 500명 가운데 한 명꼴로 겸형적혈구 빈혈증이 나타나고, 11명 가운데 한 명꼴로 한 개의 겸형적혈구 빈혈증 유전자를 가지고 있습니다. 이런 빈도는 일반적인 미국인 집단보다 훨씬 높은 수치입니다. 또한 아프리카의 특정 집단에서는 겸형적혈구 빈혈증 유전자의 유전자 빈도가 0.2, 즉 20%입니다. 이렇게 생존에 절대적으로 불리하여 성공적으로 자손을 남기기 어려운 겸형적혈구 빈혈증 유전자의 빈도가 높게 나타나는 것을 어떻게 설명할 수 있을까요? 또 '하디바인베르크의 법칙'을 이용하여 겸형적혈구 빈혈증 유전자가 유리한 정도와 불리한 정도를 수치화해서 설명해보세요.

아프리카의 일부 지역에서는 겸형적혈구 빈혈증 유전자가 장점과 단점을 모두 가지고 있습니다. 이 유전자를 모두 물려받아 동형접합자(호모)인 경우에는 겸형적혈구만을 가져 빈혈증이 유발됩니다. 그러나 이 유전자를 하나만 갖는 이형접합자(헤테로)인 경우에는 정상적혈구와 겸형적혈구가 모두 존재하지만 정상적혈구에 의해 산소 분압이 일정 수준 이상으로 유지되므로 고산지대와 같이 혈액 내 산소가 심하게 부족한 경우가 아니라면 정상입니다. 그런데 겸형적혈구는 기생성 미생물에 의하여 유발되는 말라리아에 저항성을 나타내는 특징을 가지기 때문에 겸형적혈구는 그 지역의 주요 사망원인이 말라리아인 곳에서 중요한 이점을 부여합니다. 이를 종합하면 겸형적혈구 빈혈증 유전자는 말라리아에 대한 저항성이라는 이로움(이형접합자)과 빈혈증이라는 해로움(동형접합자)을 모두 갖고 있는 것입니다.

겸형적혈구 빈혈증 유전자의 빈도가 0.2인 지역에서 열성 동형접합자(빈혈증 환자)가 생길 확률은 $q^2=0.04(\,=0.2\times0.2)$가 됩니다. 따라서 겸형적혈구 빈혈증 유전자는 이 유전자를 보유한 사람들 중에서 약 32% 정도의 사람들에게는 이로움을 주는 반면 약 4% 정도의 사람들에게는 해로움을 줍니다. 이것이 심각한 질병을 유발하는 다른 유전자와 비교하여 겸형적혈구 빈혈증 유전자의 빈도가 높은 이유입니다.

대장균의 효소 생산조절 능력

1961년 프랑스 생물학자 프랑시스 제이콥과 자크스 모나드는 대장균이 대장 속의 환경 변화에 반응하여 효소 생산을 어떻게 조절하는지 설명하는 가설을 세웠습니다. 제이콥과 모나드의 모델은 젖당이 있고 없음에 따라 적당 분해 효소를 암호화하는 유전자가 어떻게 작동하는지 또는 어떻게 작동을 멈추는지를 설명하고 있습니다. 이것이 젖당 오페론(lactic operon)입니다.

(1) 오페론(operon)이란 무엇인지 알아봅시다.

(2) 대장균은 주변에 젖당이 없을 때에는 젖당 분해 효소를 만들지 않고, 젖당이 있을 때에만 젖당 분해 효소를 만듭니다. 이런 조절이 이루어지는 구체적인 메커니즘을 설명해봅시다.

(3) 만일 대장균에 어떤 돌연변이가 일어나서 젖당의 유무와 관계없이 항상 젖당 분해 효소를 생산한다면, 젖당 오페론의 어느 부분에 돌연변이가 일어난 것인지 말해봅시다.

(4) 트립토판 오페론은 젖당 오페론과 어떻게 다른지 논의해봅시다.

(1) 오페론이란 프리모터, 작동 유전자(poerator), 그리고 구조 유전자로 구성된 유전자군(群)입니다. 여기에서 프로모터는 전사 효소의 RNA 중합 효소(RNA polymerase)가 결합하는 DNA의 부위와, 작동 유전자의 오페론의 바깥에 위치한 유전자(조절 유

전자, regulatory gene)에서 만들어진 억제자(repressor)가 결합하는 부위를 말합니다. 즉 작동 유전자에 억제자가 붙으면 이 억제자가 프로모터의 일부를 입체적으로 가려 RNA중합 효소가 프로모터에 결합하는 것을 방해합니다. 그리고 구조 유전자는 실제로 전사와 번역 과정을 통해 생산되는 특정 단백질의 유전 정보가 존재하는 실질적인 유전자 부위를 말합니다. 이는 구조 유전자의 형질 발현을 조절하기 위하여 프로모터나 작동 유전자가 존재한다고 말할 수 있습니다.

(2) 젖당 오페론은 젖당이 존재할 때만 형질 발현이 켜지는 유도 모형으로 젖당 분자는 억제자와 결합하여 구조를 변화시킴으로써 그 억제자가 작동 유전자에 결합하지 못하게 합니다. 따라서 젖당이 있을 때에는 억제자가 작동 유전자에 붙지 않아서 프로모터에 RNA 중합 효소가 결합할 수 있으므로 구조 유전자(젖당 분해와 관련되는 효소의 유전자)의 전사가 이루어지고 젖당 분해 효소가 만들어집니다. 그러나 젖당이 없을 때에는 억제자가 작동 유전자와 결합하여 프로모터 부위를 가리므로 RNA 중합 효소가 프로모터 부위에 결합할 수 없습니다. 따라서 전사가 일어날 수 없고 젖당 분해 효소는 만들어지지 않는 것입니다.

(3) 젖당의 유무와 관계없이 항상 젖당 분해 효소가 만들어진다면 억제자는 작동 유전자에 항상 붙을 수 없습니다. 따라서 억제자를 만들어내는 조절 유전자에 돌연변이가 발생하여 불완전한 억제자가 생기는 경우이거나 작동 유전자에 돌연변이가 발생하여 억제자가 붙을 수 없는 경우입니다.

(4) 유도 모형인 젖당 오페론과 달리 트립토판 오페론은 억제 모형입니다. 젖당 오페론은 젖당 분해와 관련된 효소의 합성 조절이므로 젖당이 있을 때에만 형질 발현이 되도록

200

조절하려면 트립토판이 없을 때에만 형질 발현이 되도록 조절해야 합니다. 그 이유는 트립토판 오페론은 트립토판 합성과 관련된 효소의 합성 조절이기 때문입니다. 따라서 억제자는 트립토판과 결합해야만 작동 유전자에 붙을 수 있고, 트립토판이 존재하지 않을 때 억제자는 작동 유전자에 붙지 않습니다.

유전자 도핑?… 미국 의사 연구 "유전자 치료법"

유전자 치료란
1. 성장에 관여하는
유전자(유전물질)을 일종 특정
아데노바이러스 근육층에서
주사, 손상된 몸의 상처를
유전물질을 IGF-1과 관련세포가

2. 생장할 IGF-1의 관련세포
많아 근육성장을 촉진시킨다.

3. 근육의 에린이 시간
세포 등에서의 주체된다.

벤 존슨

1964년 올림픽 크로스컨트리 종목에서 2개의 금메달을 목에 건 이로 맨티란타(핀란드)는 훌륭한 '돌연변이체'였다. 핀란드 과학자들이 그와 가족들의 유전자를 조사한 결과 적혈구 등을 생성시키는 '에리스로포이에틴'이라는 물질이 과다하게 나오는 돌연변이 형질을 지니고 있음을 알아챘다. 당연히 산소를 운반하는 적혈구가 일반인에 비해 많고, 그 때문에 장거리를 스키로 이동하는 크로스컨트리에서 탁월한 실력을 발휘할 수 있었다는 분석이다.

한편 '에리스로포이에틴'은 1998년 프랑스 경륜대회를 먹칠했다. 빈혈 치료제로 만들어진 에리스로포이에틴을 주사한 경륜선수들이 단체로 적발된 것이다.

스포츠 선수라면 이로 맨티란타와 같은 뛰어난 경기력을 가지길 바란다. 수많은 선수가 지속적인 훈련을 통해 경기력을 쌓아가지만 일부 선수는 훈련에 한계를 느끼고 약물에 손을 대왔다. 1988년 서울올림픽 남자 100m에서 금메달을 잠시 목에 걸었던 벤 존슨(Ben Johnson, 캐나다)이 대표적인 사례다.

앞으로는 또 다른 복병이 스포츠 정신을 위협할 전망이다. 생명공학 기술의 발전과 함께 '유전자 치료'라는 신기술이 스포츠 선수를 유혹할 것으로 보이기 때문이다. 유전자 치료기술을 이용하면 근육의 양을 급속하게 늘려 경기력을 실력 이상으로 키울 수 있다. 근육질환 분야의 저명한 학자인 미국 펜실베이니아 의대의 리 스위니 박사는 최근 과학잡지인 「사이언티픽 아메리칸」을 통해 자신이 연구하고 있는 유전자 치료법이 머지않아 스포츠 선수들이 약물처럼 남용할 소지가 있음을 경고했다.

스위니 박사는 근육세포가 점점 사라지는 근위축증 환자를 대상으로 유전자 치료를 하고 있다. 인체에 별다른 해를 주지 않는 아데노바이러스에 치료 유전자를 집어넣어 이를 근육에 직접 주사해 손상된 근섬유를 복구하는 방식이다. 치료 유전자로는 근육세포를 성장시키는 'IGF-1(인슐린 같은 성장인자)'나 '마이오스태틴 억제제' 등이 사용되고 있다. 근섬유의 주변에는 근육으로 분화하는 줄기세포들이 IGF-1에 의해 증식되거나, 마이오스태틴에 의해 증식이 억제되면서 체내에 적정량의 근육이 존재할 수 있도록 균형을 유지해 주는데, 스위니 박사는 이 같은 원리를 응용한 것이다. 이들 유전자를 근육에 주사함으로써 근육 줄기세포가 증식하게 되고 근육이 빠른 시간 안에 증가하게 된다. 그간의 연구 결과에 의하면 아데노바이러스에 IGF-1 유전자를 집어넣어 근육에 주사했더니 생쥐의 근육량이 15~30% 늘어났다. 또 근육의 강도는 2배나 증가했으며, 생쥐가 늙더라도 근육의 힘이 그대로 유지되는 것이 확인됐다. 문제는 이 같은 유전자 치료를 스포츠 선수들이 가만히 두고만 보지 않을 것이라는 점이다. 더욱이 약물 복용 여부를 가리는 도핑 테스트 기관에서 유전자 치료를 받은 스포츠 선수를 가려내기가 쉽지 않다. 몸 안에서 자연적으로 생성되는 물질과 구조적으로 동일할 뿐 아니라 근육의 특정 부위에서만 생성되기 때문에 혈액이나 오줌을 통한 검출이 매우 까다롭다.

(이하 생략)

— 2004. 7. 15 「중앙일보」 심재우 기자 —

수학과 과학은 형과 아우사이

　수학의 한 분야인 기하학의 응용으로 모든 사물들의 특성을 연구하는 위상수학에는 '매듭이론' 이라는 분야가 있습니다. 매듭이론에서는 하나의 매듭을 끊지 않고 움직여서 다른 매듭으로 바꿀 수 있을 때, 같은 종류의 매듭이라고 합니다. 수많은 수학자들이 매듭의 종류를 분류하기 위해 노력을 기울였으며 19세기 말 영국의 수학자 테이트와 리틀은 교차점의 수가 10개 이하인 매듭을 분류해냈습니다. 그 기준은 교차점의 개수인데, 점이 없는 고리와 같은 모양은 '영(0)매듭' 이라 하고 교차점

세 잎 매듭

의 수를 증가시켜 구분하였습니다. 매듭의 종류는 교차점의 수가 증가함에 따라 함께 증가하며 그 중에서 교차점이 3개인 '세 잎 매듭' 은 위의 그림과 같이 두 종류가 있습니다.

　이 둘은 거울에 서로를 비춘 모양을 하고 있으며 세 잎 클로버 모양입니다. 이 매듭은 자르고 붙이는 과정을 거치지 않고서는 다른 세 잎 매듭으로 바꿀 수 없기 때문에 비록 생김새는 비슷해 보일지라도 서로 다른 종류의 매듭으로 분류됩니다. 이것은 어린 시절에 친구들과 하나로 연결한 실을 가지고 여러 가지 모양의 실뜨기를 해서 나온 많은 모양들이 결국 하나의 종류에 해당된다는 것과는 차이가 납니다.

　그렇다면 이러한 수학 이론과 과학의 영역인 복제와는 무슨 연관이 있을까요?

　이 수학 이론은 다양한 분야에서 이용되고 있으며 특히 DNA 복제 과정을 밝히는

데에 중요한 역할을 합니다. 앞에서 살펴본 바와 같이 DNA는 이중나선으로 되어 있지만 전체적으로 원 모양을 이루고 있습니다. 복제가 가능하기 위해서는 DNA 자체의 장력으로 인해 원 상태를 유지하지 못하고 꼬여있는 이 이중나선이 분리되어야 합니다. DNA의 적당한 부분을 끊고 복제가 끝난 후에는 다시 잇는 역할을 효소가 하며 이 과정에서 최적 지점을 선택하여 최소한의 회수로 꼬인 이중나선을 끊는 방법에서 매듭이론이 그 모든 과정들을 규명하고 유용한 정보를 제공하는 것입니다.

이렇게 매듭조차도 수학적 탐구의 대상이 되며 더 나아가 과학적 발전이 된다니 수학의 연구 분야는 참으로 대단하다고 밖에 할 수 없습니다. 기원전 3세기경 이탈리아에서 아르키메데스는 히에론 왕에게 수학을 가르치곤 했습니다. 하루는 히에론 왕이 그에게 "수학을 배워서 어디에다 쓰는가?"라고 물었습니다. 이것은 지금도 교실에서 수업을 받고있는 학생들의 머릿속에 수시로 드는 생각입니다. 단순히 수학의 이론만을 가지고 보면 그것들이 실생활에 도움이 될지 의문이 들겠지만, 현대사회로 접어들면서 수학은 '복제'를 포함해서 과학 분야와 일상생활 전반에 깊게 관여하고 있습니다.

3 장

위대한 발견

피타고라스의 정리

오늘 공부는 과연 성공적으로 치루었는가?
더 배울 것은 없었는가?
더 잘 할 수는 없었는가?
게으름을 피운 일은 없었는가?
— 피타고라스

타일끼리의 관계

회색의 삼각형, 작은 흰색 정사각형, 그리고 중앙의 검은색 정사각형을 이용하여 깃발을 만들었습니다. 회색 삼각형들의 넓이 합과 흰색 정사각형들의 넓이의 합의 관계를 구하시오.

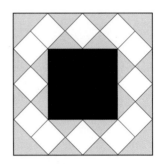

풀이

오른쪽 그림과 같이 점선의 보조선을 그려 모두 합동인 삼각형이 되도록 만들면 모두 24개의 회색 삼각형과 24개의 흰색 삼각형, 그리고 16개의 검은색 삼각형이 만들어집니다. 회색 삼각형들의 넓이 합을 A, 흰색 정사각형들의 넓이의 합을 B라 하면 A＝B라는 관계식을 구할 수 있습니다.

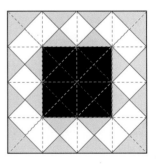

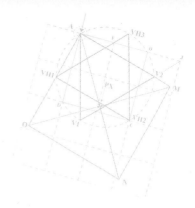

우연하게 시작된
피타고라스의 정리

옛날부터 직각(90°)은 실생활에서 널리 사용돼 오던 각도였습니다. 직선거리를 잴 수 없는 두 지점 간의 거리, 농지의 면적, 하늘의 별자리, 그리고 건물을 세우는 기초를 닦는 데 등등 직각은 아주 유용하게 사용되었습니다. 직각은 직각삼각형을 만들기만 하면 쉽게 얻을 수 있었으므로 직각삼각형을 그리는 방법은 사람들의 경험을 통해서 오래 전부터 다양하게 발전되었습니다. 예를 들어 새끼줄을 3:4:5의 비가 되도록 매듭을 만들고, 이 매듭이 있는 자리를 손이나 막대로 누르고 줄을 당겨서 간단하게 직각삼각형을 만드는 방법도 있습니다.

그러나 사람들은 3:4:5의 비를 사용하면 어째서 직각삼각형이 만들어지는지 그 이유는 알지 못했으며, 알려고 하지도 않았습니다. 결국

3:4:5 이외의 직각삼각형을 이루는 세 변의 길이는 철저한 시행착오와 오랜 경험에 의해 나오게 되었던 것입니다.

"직각삼각형의 빗변의 제곱은 나머지 두 변의 제곱의 합과 같다."

BC 500년경 그리스 철학자 피타고라스가 발견하였고 피타고라스와 그 학파의 제자들에 의해 일반적인 직각삼각형에도 적용됨을 증명해 내어 정리로 인정받게 되었습니다. 그래서 이를 '피타고라스의 정리'라고 부릅니다. '피타고라스의 정리'는 좁은 의미에서는 직각삼각형을 더 쉽고 다양하게 만들어 냄으로써 기하학에서 아주 중요한 자리를 차지하게 되었고, 넓은 의미에서는 인류의 수학 구축의 시발점 역할을 했습니다.

피타고라스(Pythagoras, BC 582?~BC 497?)

피타고라스가 이 정리를 발견하게 된 배경에 대해서는 1장 기하에서 자세히 수록하였으므로 여기서는 간단히 언급만 하겠습니다.

피타고라스가 이집트를 여행하다 어느 사원을 방문하였을 때입니다. 이 웅장한 사원의 여기저기를 구경하다 지친 그는 잠시 사원 마루에서 휴식을 취하고 있었습니다. 이때 그는 무심코 바라본 바닥의 대리석에 새겨진 아름다운 도형의 무늬에서 이 정리를 발견하게 되었다고 합니다.

직각삼각형의 세 변을 각각 한 변으로 하는 세 개의 정사각형들이 눈에 띄게 되었는데, 그 중 작은 두 개의 정사각형의 넓이의 합이 나머지 한 개의 정사각형의 넓이와 똑같다는 사실을 알게 되었습니다.

사원 바닥에 새겨진 무늬

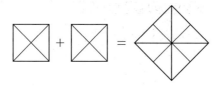

피타고라스 정리의 탄생의 초석이 되는 이 사실을 바탕으로 일반적인 직각삼각형으로 확장시켜 결국 성립한다는 것을 증명하였습니다.

그 후 많은 학자들이 이 정리에 많은 관심을 가지고 연구를 한 결과 피타고라스 정리에 대한 수많은 증명들을 탄생시켰으며 20세기 초까지 밝혀진 증명만도 360여 가지가 됩니다.

피타고라스의 정리는 기하학뿐만 아니라 순수한 수의 세계에도 영향을 미쳤습니다. 직각삼각형을 이루는 세 변의 길이를 나타내는 '수'의 발견으로 수를 헤아리는 이산적인 과정을 다루는 대수학과 직선·곡선·면 등의 연속적인 과정을 다루는 기하학 사이에 떨어질 수 없는 심오한 관련성을 맺어주는 중요한 역할을 담당했습니다. 또한 건축뿐만 아니라, 음악, 미술 등의 실생활이나 예술 분야에도 지대한 영향을 끼쳤습니다.

우리 선조들은 이미 '피타고라스 정리'를 알고 있었다

불국사 백운교 속 피타고라스

불국사 대웅전을 향하는 자하문으로 올라가는 33개의 계단은 2단으로 돼 있다. 아래를 청운교, 위를 백운교라고 한다. 지상에서 불국토로 인도한다는 뜻의 청운교와 백운교는 불국사의 대표적인 상징 가운데 하나이다. 백운교를 옆에서 보면 직각삼각형 모양이다. 백운교의 높이와 폭과 계단의 길이를 간단한 비로 나타내면 약 $3:4:5$가 된다. 피타고라스 정리에 따르면, 직각삼각형에서 직각을 낀 두 변을 a와 b, 빗변을 c라 할 때 $a^2+b^2=c^2$이다. 백운교의 비 $3:4:5$에서도 $3^2+4^2=5^2$인 관계가 성립한다.(이하 생략) [한국일보 2005-01-26]

신라시대 때 지어진 불국사에 어떻게 피타고라스 정리가 있을까요? 신라시대의 천문관 교육의 기본 교재로 사용한 『주비산경』이라는 책 제1편을 보면,

"구를 3, 고를 4라고 할 때, 현은 5가 된다."

는 구절이 있습니다. 구(勾)는 넓적다리, 고(股)는 정강이를 뜻하며, 넓적다리와 정강이를 직각으로 했을 때 엉덩이 아래 부분에서 발뒤꿈치까지가 현(弦)이 되는 것입니다. 이 부분을 간단히 직선으로 표현하면 다음 그림과 같은 직각삼각형이 됩니다. 직각을 낀 두 변 중 짧은 변 3을 '구', 긴 변 4를 '고', 빗변 5를 '현'이라 정했습니다.

이것을 '구고현의 정리'라고 하며 이는 분명히 피타고라스의 정리와 동일합니다.

이 '구고현의 정리'는 큰 공사나 건물을 지을 때, 직접 줄이나 자로 재지 못하는 거리를 구해야 할 경우 등에 이용하는 것은 물론 더 나아가 무리수의 크기를 계산을 하지 않고 근사치를 얻는 방법으로도 쓰였습니다. 이 정리는 약 3,000여 년 전 중국의 학자 진자에 의해 발견되었고, 피타고라스는 약 2,500년 전에 발견했으니, 동양이 500년이나 앞섰다고 할 수 있습니다.

십자가로 정사각형 만들기

합동인 정사각형 5개를 붙여 만든 '그리스 십자가'를 5조각 내어 하나의 정사각형으로 만들어 봅시다. 또, 4조각 내어 하나의 정사각형을 만들어 봅시다.

풀이

i) 5조각 : 다음과 같이 점선을 따라 잘라 붙이면 됩니다.

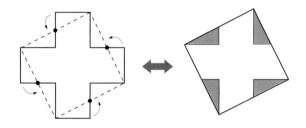

ii) 4조각 : 정사각형의 한 꼭지점이 십자가 가운데 정사각형 내부 또는 둘레에만 있도록 잘라서 붙이면 됩니다.

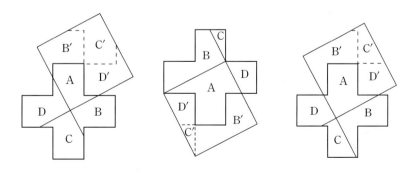

피타고라스 수를 이용하여 만든 터널

적도를 따라서 팽팽하게 줄을 쳐놓았습니다. 줄을 1cm만큼 더 길게 해서 어떤 지점에서 그것을 위로 들어 올렸을 때, 만들어진 줄의 터널을 사람이 지나갈 수 있는지 알아보세요.(단, 약 100m 내외의 범위에서는 보통 지구가 평탄하다고 생각합니다.)

풀이

그림과 같이 줄을 들어 올리면 됩니다(단위는 cm). 높이 100cm의 틈이 생기므로 사람이 지나갈 수 있습니다.

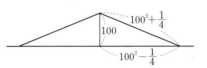

선분의 길이가 $2 \cdot 100^2 - \dfrac{1}{2}$가 되도록 어느 부분의 줄을 선택하여 줄의 중점에서 들어 올리면 됩니다. 왜냐하면 피타고라스 정리에 의하여

$$100^2 + \left(100^2 - \frac{1}{4}\right)^2 = 100^2 + 100^4 - \frac{1}{2} \cdot 100^2 + \frac{1}{16}$$

$$= 100^4 + \frac{1}{2} \cdot 100^2 + \frac{1}{16} = \left(100^2 + \frac{1}{4}\right)^2$$

이므로 $100^2 - \left(\dfrac{1}{2}\right)^2$, 100, $100^2 + \left(\dfrac{1}{2}\right)^2$은 피타고라스 수가 됩니다.

따라서, 이등변삼각형의 밑변의 길이는 $2 \cdot 100^2 - \dfrac{1}{2}$이고, 두 등변의 길이는

$$2 \cdot 100^2 + \frac{1}{2}$$

가 되므로 두 길이의 차는

$$\left(2 \cdot 100^2 + \frac{1}{2}\right) - \left(2 \cdot 100^2 - \frac{1}{2}\right) = 1$$

이므로 1cm만 늘여서 들어 올리면 사람이 통과할 수 있게 됩니다.

잠깐!

피타고라스 수

$2mn, m^2 - n^2, m^2 + n^2$는 피타고라스 수 중 하나이다.

두 마리 새의 경쟁

너비가 50로구치(아라비아의 단위)인 강의 양쪽 기슭에 높이 20로구치와 30로구
치의 종려나무가 자라고 있는데, 각각
의 종려나무 꼭대기에 두 마리의 새가
앉아 강 수면에 있는 한 마리의 고기를
노리고 있습니다. 두 마리의 새가 동시
에 날아 일직선으로 그 고기를 습격하
여 동시에 그 고기가 있는 곳에 도착했
습니다. 두 마리 새의 속도는 같다고 하
고 그 고기의 위치를 구하여 봅시다.

(이 문제는 아라비아의 수학자 알카루힐이 11세기 초에 쓴 『산술의 본질(Al-Kafi
fi al-Hisab)』 안에 수록된 문제입니다.)

높이 20로구치인 나무가 A지점에, 30로구치인 나무가 B
지점에 심어져 있고, 물고기는 A지점에서 x로구치 떨어진
R지점에 있다고 하면, 새가 각각 P, Q 지점에서 같은 속도
로 R지점을 향해 내려오므로 $\overline{PR} = \overline{QR}$

또 피타고라스의 정리에 의하여

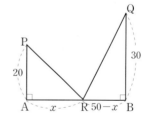

$$\overline{PR}^2 = x^2 + 20^2, \quad \overline{RQ}^2 = (50-x)^2 + 30^2$$

따라서, $x^2 + 20^2 = (50-x)^2 + 30^2$

$$x^2 + 400 = 2500 - 100x + x^2 + 900$$

$$100x = 3000 \quad \therefore x = 30 \text{(로구치)}$$

1 무수히 많은 피타고라스 정리의 증명

피타고라스 이후 많은 현자들이 피타고라스 정리를 증명하기 위해 많은 연구를 하였습니다. 그 증명 방법은 도형을 분할하여 넓이를 비교해본다거나, 삼각형의 합동이나 닮음을 이용한다거나, 원을 이용하는 등 정말 다양합니다. 하나의 문제를 이렇게 다양한 각도에서 바라보고 생각하여 증명을 할 수 있다는 것에 다시 한 번 수학의 아름다움과 신기함을 느끼게 됩니다.

요즘은 컴퓨터의 발달로 증명 과정을 단번에 눈으로 볼 수 있게 해주는 사이트가 많이 있습니다. 그러나 어렵고 복잡한 과정이지만 직접 종이에 그려보며 그 이치를 하나하나 깨달아 가는 과정 속에서 감동을 느끼게 될 것입니다. 현자들의 경험을 통해 우리도 그 감동을 같이 느껴봅시다.

(1) '피타고라스 정리' 증명의 원조

천 년의 역사를 간직한 기하학의 고전이라고 할 수 있는 그리스의 수학자 유클리드의 『기하학원론』에 수록된 증명입니다. 이 책 47번째 명제에 수록되어 있는 일명 '목수의 정리'는 다음과 같습니다.

유클리드의 증명

왼쪽 그림과 같이 $\angle C = 90°$인 직각삼각형 ABC의 세 변에 각각 변의 길이를 한 변의

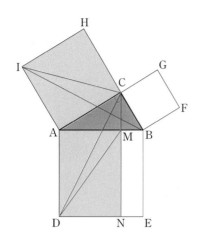

길이로 하는 정사각형 ADEB, ACHI, BFGC
를 그립니다.

점 C에서 변 AB에 내린 수선의 발을 M, 그 연
장선과 변 DE와 만나는 점을 N이라고 합시다.
이때

$$\begin{cases} \square ACHI = 2 \cdot \triangle ACI \\ \square ADNM = 2 \cdot \triangle ADM \end{cases} \quad \cdots \ ①$$

또, $\overline{AI}$를 공통 밑변으로 하고 $\overline{AI} /\!/ \overline{BH}$이므로 높이가 같으므로,

$\triangle ACI = \triangle ABI \ \cdots \ ②$

마찬가지로 $\overline{AD}$를 공통 밑변으로 하고 $\overline{AD} /\!/ \overline{CN}$이므로 높이가 같으므로,

$\triangle ADC = \triangle ADM \ \cdots \ ②'$

$\triangle ABI$와 $\triangle ADC$에서

$\overline{AI} = \overline{AC} \ (\because$ 정사각형 ACHI의 한 변이므로)

$\overline{AB} = \overline{AD} \ (\because$ 정사각형 ADEB의 한 변이므로)

$\angle IAB = \angle R + \angle CAB = \angle CAD$

$\therefore \triangle ABI \equiv \triangle ADC \ (\because$ SAS 합동조건) $\quad \cdots \ ③$

②, ②′, ③에 의하여 $\triangle ACI = \triangle ADM$ $\qquad \cdots \ ④$

④와 ①에 의해 $\square ACHI = \square ADNM$ $\qquad \cdots \ ⑤$

마찬가지의 방법[※]으로 $\square CBFG = \square MNEB$ $\qquad \cdots \ ⑥$

⑤, ⑥에 의하여

$\square ADEB = \square ADNM + \square MNEB = \square ACHI + \square CBFG$

따라서, $\overline{AB}^2 = \overline{AC}^2 + \overline{BC}^2$

평행선의 성질

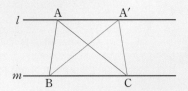

$l \mathbin{/\mkern-5mu/} m$ 이면 $\triangle \mathrm{ABC} = \triangle \mathrm{A'BC}$

나도 유클리드!

213페이지의 유클리드의 증명 중에서 ※표시가 된 부분을 직접 증명하여 봅시다.

풀이

$$\begin{cases} \square CBFG = 2 \cdot \triangle CBF \\ \square MNEB = 2 \cdot \triangle MEB \end{cases} \quad \cdots \ ①$$

또, $\overline{BF}$를 공통 밑변으로 하고 $\overline{BF} /\!\!/ \overline{AC}$이므로 높이가 같으므로,

$$\triangle CBF = \triangle ABF \quad \cdots \ ②$$

마찬가지로 $\overline{BE}$를 공통 밑변으로 하고 $\overline{BE} /\!\!/ \overline{CN}$이므로 높이가 같으므로,

$$\triangle MEB = \triangle EBC \quad \cdots \ ②'$$

$\triangle ABF$와 $\triangle EBC$에서

$\overline{BF} = \overline{BC}$ ($\because$ 정사각형 CBFG의 한 변이므로)

$\overline{AB} = \overline{EB}$ ($\because$ 정사각형 ADEB의 한 변이므로)

$\angle ABF = \angle R + \angle CBA = \angle EBC$

$\therefore \triangle ABF \equiv \triangle EBC$ ($\because$ SAS 합동조건) $\quad \cdots \ ③$

②, ②', ③에 의하여 $\triangle CBF = \triangle MEB$ $\quad \cdots \ ④$

④와 ①에 의해 $\square CBFG = \square MNEB$

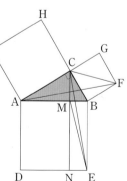

(2) 도형 분할을 이용한 증명법

다음에 증명들은 도형을 분할하여 그 넓이의 합이나 차를 이용하여 증명한 것입니다. 유클리드의 정리처럼 복잡한 설명 없이 그림으로만 간단히 피타고라스의 정리를 증명해낸 예들입니다.

 바스카라의 증명

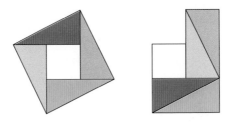

인도 수학자이자 천문학자인 바스카라(Bhāskara II, 1114~1185)의 증명으로 두 개의 그림을 나란히 그려놓고 "보라!"는 말 이외에는 더 이상의 설명을 제시하지 않았습니다. 앞에서 본 유클리드 증명과 아주 대조적인 모습입니다. 물론 이것은 식을 이용하여 간단히 증명할 수도 있습니다. 그렇지만 그림만으로 모든 것이 분명해 보이니 바스카라는 설명의 필요성을 못 느꼈을 것입니다. 바스카라처럼 설명 없이 그림만으로 증명하는 방법을 'PWW(Proofs Without Words) 증명법'이라 합니다. 하지만 당연히

'이 그림과 피타고라스의 정리와 무슨 상관이 있단 말인가? 나는 저 그림이 무엇을 뜻하는지 정말 모르겠다.'

라고 생각하는 독자가 있을 것입니다. 이것은 다음과 같은 수식을 이용하면 간단히 설명이

됩니다.

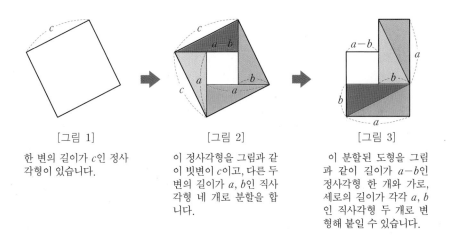

[그림 1]

한 변의 길이가 c인 정사
각형이 있습니다.

[그림 2]

이 정사각형을 그림과 같
이 빗변이 c이고, 다른 두
변의 길이가 a, b인 직사
각형 네 개로 분할을 합
니다.

[그림 3]

이 분할된 도형을 그림
과 같이 길이가 $a-b$인
정사각형 한 개와 가로,
세로의 길이가 각각 a, b
인 직사각형 두 개로 변
형해 붙일 수 있습니다.

[그림 1]의 도형이 [그림 3]과 같이 바뀌었지만 [그림 3]은 [그림 1]을 분할하여 새롭게 붙여

본 것이므로 두 도형의 넓이는 같습니다.

[그림 1]의 넓이 $= c^2$

[그림 3]의 넓이 $= (a-b)^2 + 2 \times ab = a^2 - 2ab + b^2 + 2ab = a^2 + b^2$

$\therefore c^2 = a^2 + b^2$

증명 -2

페리갈의 증명 1

1837년경 본업은 주식 중매인이지만 수학을 무척 좋아하던 아마추어 수학자인 페리갈에

의해 증명된 방법입니다. 이 증명 역시 그림 하나로 모든 것이 자명하게 증명되었습니다.

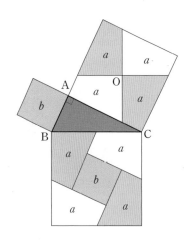

왼쪽 그림과 같이 ∠A＝90°인 직각삼각형 ABC
의 세 변에 각각 변의 길이를 한 변의 길이로 하는 정
사각형을 그립니다.

변 AC를 한 변으로 하는 정사각형은 정사각형의
중심 O를 지나고 선분 BC에 평행 또는 수직인 선분
으로 4등분 됩니다.

변 BC를 한 변으로 하는 정사각형을 그림과 같이
분할해 보면 나머지 두 정사각형의 넓이를 합친 것과
같음이 자명해집니다.

$$\therefore \overline{AB}^2 + \overline{AC}^2 = \overline{BC}^2$$

잠깐!

정사각형 4등분하기

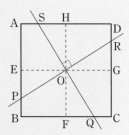

정사각형의 중심을 지나고 서로 수직하는 임의의 두 선분에 의해 정사각형의 넓이는 4등
분된다.

페리갈의 증명 2

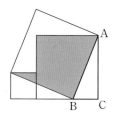

1873년에 페리갈은 피타고라스 정리의 증명에 또 다시 도전하여 오른쪽 그림과 같은 증명을 발표했습니다. 이것은 다음과 같이 설명할 수 있습니다.

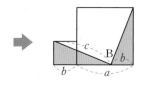
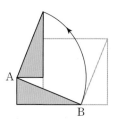

한 변의 길이가 a인 정사각형과 b인 정사각형 두 개를 그림과 같이 붙여놓습니다.

큰 정사각형의 한 변에 길이가 b가 되는 곳에 점 B를 잡습니다. 점 B에서 두 개의 정사각형의 한 꼭지점을 각각 이어 직각삼각형 두 개를 만듭니다. 이 두 직각삼각형은 합동입니다.

점 A를 중심으로 직각삼각형을 90°회전 이동합니다.

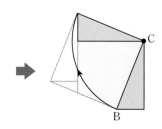
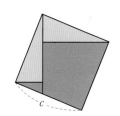

이번에는 점 C를 중심으로 직각삼각형을 90°회전 이동합니다.

처음의 두 정사각형이 한 변의 길이가 c인 하나의 정사각형으로 합쳐집니다.

따라서 $a^2 + b^2 = c^2$ 입니다.

그러나 이것은 터키의 의사이며 수학자였던 쿠라가 옛날에 증명했던 것을 페리갈이 재발견하여 정리하였다고 합니다.

레오나르도 다 빈치의 증명

르네상스 시대의 이탈리아를 대표하는 천재적 미술가 · 과학자 · 기술자 · 사상가로 우리에게 너무나 잘 알려진 레오나르도 다 빈치도 '피타고라스 정리'의 증명에 도전장을 던졌습니다.

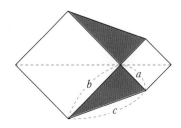

정사각형의 넓이의 합 $= a^2 + b^2$ $\cdots$ ①

⬇ 위쪽 반을 좌우대칭 이동시킵니다.

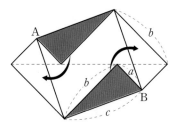

⬇ 위쪽의 직각삼각형을 점 A를 중심으로 90°회전 이동시키고, 아래쪽 직각삼각형을 점 B를 중심으로 90°회전 이동시킵니다.

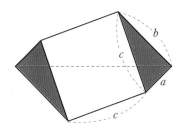

정사각형의 넓이의 합$=c^2$ $\cdots$ ②

$$\therefore a^2+b^2=c^2$$

증명 -5

그 밖의 도형 분할에 의한 증명

① BC 900년경 아나리지의 증명

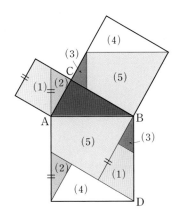

② 1902년에 발표한 캄파의 증명법

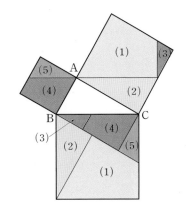

③ 중국 위나라의 수학자 유휘의 증명

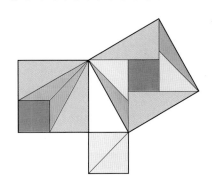

이외에도 도형을 분할하여 넓이를 이용한 증명은 많이 알려져 있습니다. 모두 직각삼각형의 각 변으로 정사각형을 만들고 그 도형들을 연필을 들고 이리 저리 고민하며 분할한 끝에 증명된 것들입니다. 지금 이 순간도 어디에선가 도형을 열심히 분할하다 우연히 피타고라스 정리의 새로운 증명을 발견했는지도 모릅니다.

도형을 분할하자

중국 전국시대 오나라의 수학자 조상도 간단명료한 방법으로 피타고라스의 정리를 증명하였습니다. 크기가 같은 두 개의 정사각형을 다음 그림과 같이 분할하여 증명하였다고 하는데, 어떤 이유로 증명되는 것인지 설명하여 보시오.

[그림 1]   [그림 2]

풀이

[그림 1]에서 빗변의 길이가 c이고, 직각을 낀 두 변의 길이가 a, b인 직각삼각형 네 개를 제거하면 한 변의 길이가 c인 정사각형이 남습니다.

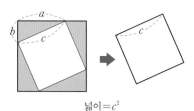

넓이$=c^2$

[그림 2]에서는 위의 직각삼각형과 같은 모양과 크기를 갖는 직각삼각형 네 개를 제거하면 한 변의 길이가 a인 정사각형과 한 변의 길이가 b인 정사각형 두 개가 남습니다.

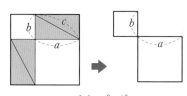

넓이$=a^2+b^2$

똑같은 두 개의 정사각형에서 똑같은 모양과 크기의 직각삼각형 4개를 제거했으므로 남은 두 도형의 넓이는 같습니다.

$$\therefore c^2 = a^2 + b^2$$

(3) 닮음을 이용한 증명법

도형을 분할하여 피타고라스의 정리를 증명하였던 바스카라는 분할을 이용하지 않고 직각삼각형의 빗변에 수선을 내려서 다른 방법으로 증명을 했습니다. 이 증명을 17세기에 영국의 수학자 월리스가 발견하고 닮음을 이용하여 재증명하여 발표했습니다.

증명

월리스의 증명

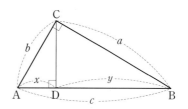

$\triangle ADC \backsim \triangle ACB (\because AA닮음)$이므로

$\overline{AC} : \overline{AD} = \overline{AB} : \overline{AC}$

$b : x = c : b \quad \therefore b^2 = cx$

마찬가지로 $\triangle CDB \backsim \triangle ACB (\because AA닮음)$

$\overline{CB} : \overline{DB} = \overline{AB} : \overline{CB}$

$a : y = c : a \quad \therefore a^2 = cy$

$\therefore a^2 + b^2 = cx + cy = c(x+y) = c^2$

닮음을 이용한 또 다른 증명

∠B=∠R인 직각삼각형 ABC의 가장 짧은 변 AB에 △ABC와 닮은 삼각형 DBA를 붙여서 △DAC를 만들어 피타고라스 정리를 증명하여 봅시다.

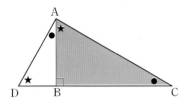

풀이

△ABC∽△DBA (∵ 가정에서)이라면 △ABC의 가장 짧은 변 AB와 △DBA의 가장 짧은 변 DB가 대응변이 되어야 하는데, ∠B=∠R이므로 ∠BAC=∠ADB이므로, ∠ACB=∠DAB가 됩니다. 따라서 △ABC에서 ∠ACB+∠BAC=90°이므로 △DAC에서

$$\angle A = \angle DAB + \angle CAB = \angle ACB + \angle CAB = 90°$$

이므로 △DAC도 닮은 삼각형이 됩니다.

△ABC∽△DBA에서 $\overline{AB}:\overline{DB}=\overline{BC}:\overline{BA}$이므로

$$\overline{AB}^2=\overline{DB}\cdot\overline{BC} \quad \therefore \overline{DB}=\frac{\overline{AB}^2}{\overline{BC}} \qquad \cdots ①$$

또, △DAC∽△ABC이므로 $\overline{DA}:\overline{AB}=\overline{AC}:\overline{BC}$이므로

$$\overline{DA}\cdot\overline{BC}=\overline{AB}\cdot\overline{AC} \quad \therefore \overline{DA}=\frac{\overline{AB}\cdot\overline{AC}}{\overline{BC}} \cdots ②$$

△DBA+△ABC=△DAC이므로

$$\frac{1}{2}\overline{DB}\cdot\overline{AB}+\frac{1}{2}\overline{BC}\cdot\overline{AB}=\frac{1}{2}\overline{AD}\cdot\overline{AC}$$

$$\overline{DB}\cdot\overline{AB}+\overline{BC}\cdot\overline{AB}=\overline{AD}\cdot\overline{AC} \qquad \cdots ③$$

③에 ①과 ②를 대입하면, $\dfrac{\overline{AB}^2}{\overline{BC}}\cdot\overline{AB}+\overline{BC}\cdot\overline{AB}=\dfrac{\overline{AB}\cdot\overline{AC}}{\overline{BC}}\cdot\overline{AC}$

양변에 $\dfrac{\overline{BC}}{\overline{AB}}$를 곱하면 $\overline{AB}^2+\overline{BC}^2=\overline{AC}^2$입니다.

(4) 넓이를 이용한 증명법

역대 미국 대통령들 중에 수학에 관심을 가졌던 인물들이 있었습니다. 건국의 아버지라고 불리던 초대 대통령 워싱턴(George Washington, 1732.2.22~1799.12.14)은 유명한 측량가였습니다. 가장 폭넓은 교양을 가진 대통령으로 유명한 4대 대통령 제퍼슨(Thomas Jefferson, 1743.4.13~1826.7.4)은 미국에서 고등수학을 가르칠 것을 장려하려고 많은 노력을 했다고 합니다. 무식한 시골 출신이라는 이유로 반대파들이 그를 비꼬기 위해 '진짜 고릴라' 라고 불렀던 16대 대통령 링컨(Abraham Lincoln, 1809.2.12~1865.4.15)은 유클리드의 『기하학 원론』을 독학하여 논리적 사고를 키운 학구파였습니다.

그 중에서도 탁월하게 수학에 능했던 자는 20대 대통령 가필드(James Abram Garfield, 1831.11.19~1881.9.19)였습니다. 그는 대통령이 되기 5년 전, 하원의원 시절이었던 1876년에 다른 의원들과 수학에 대해서 토론을 하던 중에 우연히 넓이를 이용한 증명이 떠올랐다고 합니다.

가필드의 증명

왼쪽 그림과 같이 직각삼각형 두 개를 놓으면 가운데 △DBA가 생깁니다.

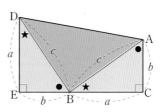

$$\angle DBE + \angle ABC = \angle BAC + \angle ABC = 90°$$

$(\because \triangle ABC \equiv \triangle BDE$이므로$)$

따라서, $\angle DBA = 180° - (\angle DBE + \angle ABC) = 180° - 90° = 90°$

∴ △DBA는 직각이등변삼각형입니다.

$$\square \text{DECA} = \triangle \text{DEB} + \triangle \text{ABC} + \triangle \text{DBA}$$

$$\frac{(a+b)}{2}(a+b) = \frac{ab}{2} + \frac{ab}{2} + \frac{c^2}{2}$$

양변에 2를 곱하여 정리하면 $a^2 + 2ab + b^2 = 2ab + c^2$

$$\therefore a^2 + b^2 = c^2$$

사략선장의 멋진 증명

1909년 영국의 사략선장(私掠船長, 약탈을 합법적으로 허가 받은 선박의 선장)이었던 호킨스(John Hawkins, 1532~1595.11.12)도 도형의 넓이를 이용하여 피타고라스 정리를 증명해 내었습니다. 그는 오른쪽 그림과 같이 ∠C=∠R이고 $\overline{AC}>\overline{BC}$인 직각삼각형 ABC에서 변 AC 위에 $\overline{BC}=\overline{CC'}$인 점 C′를 잡고, 변 BC 연장선 위에 $\overline{AC}=\overline{CB'}$가 되게 B′을 잡았습니다. □AB′BC′의 넓이를 이용하여 피타고라스 정리를 증명하여봅시다.

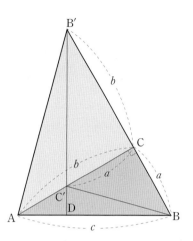

풀이

$\overline{AC}=\overline{CB'}, \overline{BC}=\overline{CC'}, \angle ACB = \angle B'CC' = \angle R$이므로

$\triangle ABC \equiv \triangle B'C'C$ (∵ SAS 합동)

∴ $\overline{AB}=\overline{B'C'}=c$

□AB′BC′=△ACB′+△C′CB에서 △ACB′는 $\overline{AC}=\overline{CB'}=b$인 직각 이등변삼각형이고, △C′CB는 $\overline{C'C}=\overline{BC}$인 직각 이등변삼각형이므로

$$□AB'BC' = \frac{b^2}{2} + \frac{a^2}{2} \cdots ①$$

또, □AB′BC′=△AB′C′+△B′C′B ⋯ ②입니다.

여기서 △ADC′와 △B′CC′에서

$$\angle DAC' = \angle CB'C' \ (\because \triangle ABC \equiv \triangle B'C'C),$$

$$\angle AC'D = \angle B'C'C \ (\because \text{맞꼭지각이므로})$$

$$\therefore \triangle ADC' \backsim \triangle B'CC' \ (\because AA\text{닮음}) \quad \therefore \angle ADC' = \angle B'CC' = 90°$$

따라서, $\triangle AB'C' = \dfrac{1}{2} \cdot \overline{B'C'} \cdot \overline{AD}, \ \triangle B'C'B = \dfrac{1}{2} \cdot \overline{B'C'} \cdot \overline{BD} \cdots$ ③

③을 ②에 대입하면

$$\square AB'BC' = \dfrac{1}{2} \cdot \overline{B'C'} \cdot \overline{AD} + \dfrac{1}{2} \cdot \overline{B'C'} \cdot \overline{BD}$$

$$= \dfrac{1}{2} \cdot \overline{B'C'}(\overline{AD} + \overline{BD}) = \dfrac{1}{2} \cdot \overline{B'C'} \cdot \overline{AB}$$

$$= \dfrac{1}{2} \cdot \overline{AB}^2 = \dfrac{c^2}{2} \ (\because \overline{AB} = \overline{B'C'} = c \text{이므로}) \cdots$ ④

①, ④에 의하여 $\dfrac{a^2}{2} + \dfrac{b^2}{2} = \dfrac{c^2}{2} \quad \therefore a^2 + b^2 = c^2$

(5) 유클리드의 변형 증명

"유클리드는 왜 직각삼각형의 각 변에 정사각형을 올렸을까? 다른 도형을 올리면 안 되는 것일까?"라는 의문을 가져 본 적이 있으신가요?

수학자들 중에서도 이런 의문을 가졌던 사람들이 있었습니다. 이 의문점을 처음으로 해소해 준 사람이 바로 알렉산드리아의 수학자 파푸스입니다.

그의 저서 『수학집성(Mathematical Collection)』 제4권에 수록된 이 증명으로 피타고라스 정리는 한 번 더 확장하게 됩니다. 직각삼각형이 아닌 임의의 삼각형 △ABC의 각 변에 정사각형이 아닌 평행사변형을 올려놓고 증명했습니다.

정사각형 대신에 평행사변형으로 장식한 삼각형

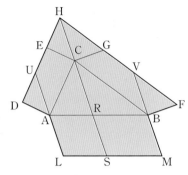

△ABC를 임의의 삼각형이라고 하고, 변 CA 와 CB를 각각 한 변으로 하는 평행사변형 CADE 와 CBFG를 그립니다. $\overline{DE}$와 $\overline{FG}$의 연장선이 만 나는 점을 H라 하고, 나머지 변 AB에는 $\overline{HC}$와 길이가 같고 평행한 변 AL을 갖는 평행사변형 ALMB를 그립니다.

이제 $\square$ALMB＝$\square$CADE＋$\square$CBFG임을 증명하면 됩니다.

$\square$CADE＝$\square$CAUH $\cdots$ ① ($\because$ 밑변 AC 공통, $\overline{DH}\,/\!/\,\overline{AC}$으로 높이가 같으므로)

또, $\square$CAUH＝$\square$ALSR $\cdots$ ② ($\because$ $\overline{HC}＝\overline{RS}$, $\overline{UL}\,/\!/\,\overline{HS}$으로 높이가 같으므로)

①, ②에 의하여 $\square$CADE＝$\square$ALSR $\cdots$ ③

같은 방법으로 $\square$CBFG＝$\square$CBVH＝$\square$SMBR $\cdots$ ④

따라서, $\square$ALMB＝$\square$ALSR＋$\square$SMBR

$\qquad\qquad$ ＝$\square$CADE＋$\square$CBFG ($\because$ ③, ④에 의해)

이 시도를 계기로 학자들은 직각삼각형의 세 변에 다양한 도형을 올려놓기 시작했 습니다. 그러던 중 헝가리 수학자 폴야에 의해 피타고라스 정리는 또 한 번 발전을 합 니다.

유클리드의 아성을 무너뜨린 폴야의 증명

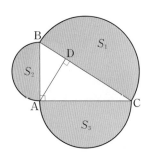

∠A가 직각인 △ABC를 그리고, 각 변 BC, BA, AC 위에 서로 닮음인 임의의 도형(S_1, S_2, S_3은 반드시 반원이 아닙니다.)을 그립니다. 점 A에서 변 BC에 수선 AD를 내리면, △ABC∽△DBA∽△DAC입니다.

우선, △ABC∽△DBA에서 $\overline{BC} : \overline{AB} = \overline{AB} : \overline{BD}$

$$\overline{AB}^2 = \overline{BC} \cdot \overline{BD} \quad \therefore \overline{BD} = \frac{\overline{AB}^2}{\overline{BC}}$$

따라서 $\overline{BC} : \overline{BD} = \overline{BC} : \dfrac{\overline{AB}^2}{\overline{BC}}$

우변의 각 항에 BC를 곱하면,

$$\overline{BC} : \overline{BD} = \overline{BC}^2 : \overline{AB}^2 = \lambda\overline{BC}^2 : \lambda\overline{AB}^2 = S_1 : S_2$$

($\because$ 빗변 BC를 한 변으로 하는 정사각형의 넓이는 $\overline{BC}^2$이고 빗변 BC 위에 그린 도형의 넓이 $S_1 = \lambda\overline{BC}^2$라고 표기하므로)

따라서, $\overline{BC} : \overline{BD} = S_1 : S_2$이므로 $\overline{BD} = \dfrac{\overline{BC} \cdot S_2}{S_1}$ ··· ①

마찬가지 방법으로 △ABC∽△DAC이므로 $\overline{BC} : \overline{DC} = S_1 : S_3$입니다.

$$\therefore \overline{DC} = \frac{\overline{BC} \cdot S_3}{S_1} \quad \cdots \text{②}$$

$\overline{BC} = \overline{BD} + \overline{DC}$에 ①, ②를 대입하면

$$\overline{BC} = \frac{\overline{BC} \cdot S_2}{S_1} + \frac{\overline{BC} \cdot S_3}{S_1} = \frac{\overline{BC}}{S_1}(S_2 + S_3)$$

$$1 = \frac{1}{S_1}(S_2 + S_3) \quad \therefore S_1 = S_2 + S_3$$

위의 증명에서 $\lambda=1$을 대입하면 S_1, S_2, S_3은 직각삼각형의 변 BC, BA, AC를 각각 한 변으로 하는 정사각형의 넓이가 되므로 유클리드의 피타고라스의 정리도 증명됩니다.

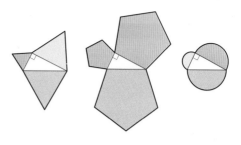

도형의 모양에 관계없이 반원, 삼각형, 사각형, 오각형 등 직각삼각형 각 변 위의 도형이 닮음이면, 빗변 위의 도형의 넓이는 나머지 변 위에 그린 도형의 넓이의 합과 같다는 것이 증명된 것입니다.

"직각삼각형의 각 변 위에 닮은 도형(다각형, 원 등)을 그리면, 빗변 위에 그린 도형(다각형, 원 등)의 넓이는 다른 두 도형(다각형, 원 등)의 넓이의 합과 같다."

라는 정리가 탄생한 것이지요. 피타고라스 정리를 더 넓은 의미의 일반성을 갖는 정리로 탈바꿈 한 훌륭한 증명입니다.

잠깐!

피타고라스의 정리
- 피타고라스가 직접 내린 정리 : 직각삼각형의 각 변 위에 정사각형을 그리면, 빗변 위에 그린 정사각형의 넓이는 나머지 두 변의 넓이의 합과 같다.
- 폴야에 의해 확장된 개념의 피타고라스의 정리 : 직각삼각형의 각 변 위에 있는 닮은 도형(다각형, 원 등)을 그리면, 빗변 위에 그린 도형(다각형, 원 등)의 넓이는 다른 두 도형(다각형, 원 등)의 넓이의 합과 같다.

히포크라테스의 초승달

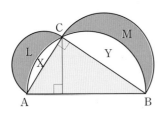

∠C＝∠R인 직각삼각형 ABC가 있고, 그 빗변 AB를 지름으로 하는 반원은 점 C를 지납니다. $\overline{AC}, \overline{BC}$를 지름으로 하는 반원을 그리고 이 두 반원에 둘러싸인 부분과 $\overline{AB}$를 지름으로 하는 반원을 빼면 두 개의 초승달(L, M)이 생깁니다. 이 초승달 모양의 도형은 BC 460년경 키오스에서 활동한 그리스의 기하학자 히포크라테스가 처음 그렸기 때문에 '히포크라테스의 초승달'이라 합니다. 히포크라테스는 두 개의 초승달 넓이의 합은 △ABC의 넓이와 같다"는 정리를 발표하였습니다. 이 정리를 폴야의 정리에 의거하여 증명해 봅시다.

풀이

$\overline{AB}=c, \overline{BC}=a, \overline{CA}=b$라고 합니다. 폴야의 정리에 의하여

(지름이 AB인 반원의 넓이)＝(지름이 $\overline{AC}$인 반원의 넓이)＋(지름이 $\overline{BC}$인 반원의 넓이)

이므로 지금 두 초승달의 넓이를 L, M으로 놓고, 지름이 AB인 반원이 선분 $\overline{AC}, \overline{BC}$에 의해 끊긴 부분(활꼴)의 넓이를 X, Y라 하고 △ABC의 넓이를 △이라고 하면,

$$\triangle+X+Y=X+L+Y+M \quad \therefore L+M=\triangle$$

즉, 히포크라테스의 초승달의 넓이는 직각삼각형의 넓이와 같습니다.

곡선도형과 직선도형의 넓이가 같은 보기 드문 예 중의 하나라고 하겠습니다.

원주각의 정리

반원에서 지름을 밑변으로 하는 내접 삼각형은 모두 직각삼각형이다.

삼각형의 넓이의 비

그림과 같이 세 변의 길이가 각각 5, 12, 13인 직각삼각형 ABC에서 각 변을 한 변으로 하는 정사각형을 그릴 때, △AEF:△BGH:△DCI의 넓이의 비를 구하시오.

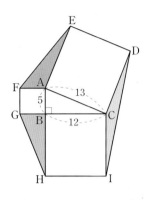

풀 이

정사각형 ACDE가 오른쪽 그림과 같이 각 변의 길이가 5, 12, 13인 네 개의 직각삼각형으로 분할할 수 있습니다.

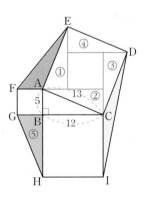

△ABC와 △GBH에서

$\overline{BC}=\overline{BH}$ (∵ □BHIC가 정사각형 이므로)

$\overline{AB}=\overline{GB}$ (∵ □ABGF가 정사각형 이므로)

$\angle ABC=\angle GBH=\angle R$

따라서 △ABC≡△GBH (∵ 합동조건)

그러므로 직각삼각형 ①~⑤는 모두 합동입니다.

따라서 $\triangle AEF=\dfrac{1}{2}\times 5\times 12$

$\triangle BGH=\dfrac{1}{2}\times 5\times 12$

$\triangle DCI=\dfrac{1}{2}\times 12\times 5$

따라서, △AEF:△BGH:△DCI=1:1:1

직각삼각형에 닮은 직각삼각형을 붙여서 증명하기

폴야가 제안하길 ∠C＝∠R인 직각삼각형 ABC의 각 변 AB, BC, AC를 빗변으로 하고 △ABC와 닮음인 △BAE, △CBF, △CAG을 그려보자고 했습니다. 이것을 이용하여 피타고라스의 정리를 증명하여 봅시다.

 이

폴야가 제안한대로 그리면 오른쪽 그림과 같이 □EBCA와 □BFGA는 직사각형이 됩니다.

따라서, $\overline{AE}=\overline{BC}=a$, $\overline{EB}=\overline{AC}=b$, $\overline{CD}=\overline{BF}=\overline{AG}$

또한, $\triangle ABC=\dfrac{1}{2}ab=\dfrac{1}{2}c\cdot\overline{CD}$

$\therefore \overline{CD}=\overline{BF}=\overline{AG}=\dfrac{ab}{c}$

또, $\triangle ABC \backsim \triangle ACD$에서 $b^2=\overline{AD}\cdot c$

$\therefore \overline{AD}=\overline{CG}=\dfrac{b^2}{c}$

$\triangle ABC \backsim \triangle CBD$에서 $a^2=\overline{BD}\cdot c$

$\therefore \overline{BD}=\overline{CF}=\dfrac{a^2}{c}$

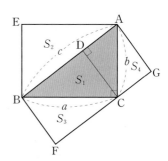

이때, 오각형 AEBFG의 넓이는 두 가지 방법으로 구할 수 있습니다.

$$S_2+(S_1+S_3+S_4)=(S_1+S_2)+S_3+S_4$$

$$\frac{1}{2}\overline{BE}\cdot\overline{AE}+\overline{BF}\cdot\overline{AB}=(\overline{BC}\cdot\overline{AC})+\frac{1}{2}\overline{BF}\cdot\overline{FC}+\frac{1}{2}\overline{AG}\cdot\overline{CG}$$

$$\frac{1}{2}ab+c\cdot\frac{ab}{c}=ab+\frac{1}{2}\cdot\frac{ab}{c}\cdot\frac{a^2}{c}+\frac{1}{2}\cdot\frac{ab}{c}\cdot\frac{b^2}{c}$$

$$\frac{3}{2}ab=ab+\frac{ab}{2c^2}(a^2+b^2)$$

$$\frac{1}{2}ab=\frac{ab}{2c^2}(a^2+b^2)$$

$$1=\frac{1}{c^2}(a^2+b^2)\quad\therefore a^2+b^2=c^2$$

2 피타고라스의 수

　"만물은 수이다"라는 피타고라스의 수장에서도 알 수 있듯이 수에 지대한 관심을 가진 피타고라스 학파는 피타고라스 정리 속에서도 수의 발견을 멈추지 않았습니다.

　피타고라스 정리를 알지 못하던 시대에도 3, 4, 5$(3^2+4^2=5^2)$ 또는 5, 12, 13$(13^2=5^2+12^2)$과 같은 특정 자연수가 직각삼각형의 변의 길이가 된다는 것을 알고 있었습니다. 직각삼각형에서 직각을 낀 두 변을 a, b라 하고 빗변을 c라 할 때, $c^2=a^2+b^2$이라는 식을 발견한 피타고라스 학파 사람들이 이 식을 만족하는 자연수를 찾는데 관심을 갖는 것은 당연한 일일 것입니다. 그래서 이와 같은 관계를 만족하는 세 자연수 a, b, c를 '피타고라스의 수'라고 부릅니다. 이 수를 어떻게 찾을 수 있을까요?

　세 변의 길이가 3, 4, 5인 삼각형은 $5^2=3^2+4^2$을 만족하므로 직각삼각형이고 이 $(3, 4, 5)$를 피타고라스의 수라 합니다. 이때 각 수에 자연수 k배를 한 $(3k, 4k, 5k)$도 피타고라스의 수가 되는지 알아봅시다.

세 수 $3k<4k<5k$이므로

$$(5k)^2=25k^2, \quad (3k)^2+(4k)^2=9k^2+16k^2=25k^2$$

따라서 $(5k)^2=(3k)^2+(4k)^2$이므로 $(3k, \ 4k, \ 5k)$도 피타고라스의 수입니다. 또한, k에 $1, 2, 3, \cdots$를 대입하면 $(3, 4, 5), (6, 8, 10), (9, 12, 15), (12, 16, 20), \cdots$ 등 피타고라스의 수를 무한히 만들어 낼 수 있습니다.

피타고라스의 수 (a, b, c)
이제부터 피타고라스의 수를 이루는 세 수 a, b, c (단, $a < b < c$)를 순서쌍 (a, b, c)로 나타낸다.

$(3, 4, 5)$라는 피타고라스 수만으로도 무수히 많은 수를 만들어 낼 수 있지만, 이것은 더 중요한 사실을 유추하기 위한 준비에 불과합니다.

피타고라스의 수를 이루는 세 수들이 서로소로 이루어진 쌍을 '원시 피타고라스의 수'라고 합니다. 이 원시 피타고라스의 수 (a, b, c)의 각 수에 $k(k$는 자연수)배한 수 (ak, bk, ck)는 그냥 '피타고라스의 수'라고 합니다. 예를 들면 $(3, 4, 5)$가 원시 피타고라스의 수이고 $(6, 8, 10)$, $(9, 12, 15)$, $(12, 16, 20)$, …등은 그냥 피타고라스의 수가 되는 것입니다. 일찍이 피타고라스는 "피타고라스의 수는 무한히 많이 있다! 전부에 어떤 수를 곱해서 얻어지는 당연한 것을 제외하더라도"라고 했습니다.

앞에서 '원시 피타고라스 수' $(3, 4, 5)$로 보여준 것은 '전부에 어떤 수를 곱해서 얻어지는 당연한' 그냥 피타고라스의 수를 유도해 낸 것에 불과합니다. '제외하더라도'라는 말은 $(3, 4, 5)$와 같은 원시 피타고라스의 수가 많이 존재한다는 뜻입니다. 그럼 이제부터 원시 피타고라스의 수를 구해보겠습니다.

(1) 피타고라스의 수 (a, b, c)가 원시 피타고라스가 되기 위한 조건

피타고라스의 수 (a, b, c)(단, $a < b < c$)가 원시 피타고라스가 되려면 반드시 다음 조건을 만족해야 합니다.

ⅰ) (a, b, c)의 세 수는 서로소이다.

ⅱ) c는 반드시 홀수이고, a, b 중 어느 하나는 짝수이고, 다른 하나는 홀수이다.

  왜 이런 조건을 만족해야 하는지 귀류법을 사용하여 증명해봅시다.

ⅰ) (a, b, c)의 세 수는 서로소이다.

    우선 두 수 a, b가 서로소가 아니라고 하면, $a = ta_1, b = tb_1$, (단, t는 자연수)가 됩니다. 피타고라스의 정리에 의하여

$$t^2 a_1^2 + t^2 b_1^2 = c^2, \ t^2(a_1^2 + b_1^2) = c^2$$

따라서, c^2은 t^2의 배수이므로, c는 t의 배수입니다. 그럼 세 수 모두 t의 배수이므로 이는 원시 피타고라스의 수라는 가정에 모순이 됩니다. 마찬가지로 b와 c, c와 a도 서로소이므로 (a, b, c)의 세 수는 서로소입니다.

ⅱ) c는 반드시 홀수이고, a, b 중 어느 하나는 짝수이고, 다른 하나는 홀수이다.

    ⅰ)의 사실로부터 세 수 모두 짝수일 가능성은 없습니다. 그럼 두 수 a, b가 홀수라고 하면 $a = 2m+1, \ b = 2n+1$ (단, m, n은 음이 아닌 정수)라고 합시다.

    피타고라스 정리에 의하여

$$(2m+1)^2 + (2n+1)^2 = 4m^2 + 4m + 1 + 4n^2 + 4n + 1$$
$$= 4(m^2 + m + n^2 + n) + 2 = c^2 \ \cdots \ ①$$

따라서, c는 짝수입니다. 이로 세 수 모두 홀수일 가능성은 없습니다. 그런데 a, b가 홀수이고 c가 짝수라고 한다면 c^2은 4의 배수이어야 하는데 ①에 의하면 4의 배수가 아니므로 이 또한 모순입니다. 따라서 c는 짝수가 될 수 없습니다.

    따라서 c는 반드시 홀수이고, 나머지 두 수 a, b 중에서 하나는 짝수이고, 다른 하나는 홀수일 수밖에 없습니다.

(2) $(m^2-n^2,\ 2mn,\ m^2+n^2)$은 원시 피타고라스의 수이다

피타고라스의 수 (a, b, c)가 원시 피타고라스의 수가 되기 위한 조건을 알아보았습니다. 이를 잘 염두에 두면서 이번에는 $a=m^2-n^2$, $b=2mn$, $c=m^2+n^2$ (단, m, n은 $m>n>0$인 자연수이고, m, n 중 하나는 홀수이고 다른 하나는 짝수[*])은 $a^2+b^2=c^2$을 만족함을 증명하여 봅시다.

잠깐!

※ 표시된 부분의 이유

m, n이 모두 홀수이거나 짝수이면 m^2, n^2도 모두 홀수이거나 짝수가 되므로 m^2-n^2, m^2+n^2은 모두 짝수가 된다. 이는 원시 피타고라스의 수의 조건에 어긋난다. 따라서 m, n 중 하나는 홀수이고 다른 하나는 짝수이어야 한다.

증명

$a^2+b^2=c^2$에서 $b^2=c^2-a^2=(c+a)(c-a)$ $\cdots$ ①

원시 피타고라스의 조건으로부터 b가 짝수이면, a, c는 홀수이므로 $c+a, c-a$는 짝수입니다.

$c+a=2s, c-a=2t$라 하고, $b=2k$(단, s, t, k는 자연수)라 하면 ①에서

$b^2=4k^2=2s\cdot2t=4st$ $\quad \therefore k^2=st$ $\cdots$ ②

또한, a, c는 서로소이므로 s, t도 서로소입니다. $\cdots$ ③

②,③에 의하여 $s=m^2, t=n^2$을 만족하는 두 자연수 m, n(단, $m>n$)이 존재하므로,

$$b^2=4st=4m^2n^2 \quad \therefore b=2mn$$

$$\begin{cases} c+a=2m^2 & \cdots ④ \\ c-a=2n^2 & \cdots ⑤ \end{cases} 에서$$

④+⑤에서 $c=m^2+n^2$, ④-⑤에서 $a=m^2-n^2$

따라서, $(m^2-n^2, \ 2mn, \ m^2+n^2)$은 원시 피타고라스의 수입니다.

③의 증명

s, t가 서로소가 아니라고 하면 $s=kp, t=kq$이다. (단 k는 정수)

$$s=\frac{c+a}{2}=kp, t=\frac{c-a}{2}=kq \quad \therefore \begin{cases} c+a=2kp & \cdots ㉠ \\ c-a=2kq & \cdots ㉡ \end{cases}$$

㉠+㉡에서 $c=k(p+q)$

㉠-㉡에서 $a=k(p-q)$

이므로 a, c가 서로소라는 가정에 모순이 된다. 따라서 s, t도 서로소이다.

이 원시 피타고라스의 수는 $(3, \ 4, \ 5)$와는 전혀 다른 차원의 원시 피타고라스의 수입니다. 왜 그럴까요? $(3, \ 4, \ 5)$는 특정 자연수이지만 위에서 구한 $(m^2-n^2, \ 2mn, \ m^2+n^2)$은 변수로 이루어졌습니다. 즉 m, n에 적당한 값을 넣으면 또 다른 특정 원시 피타고라스의 수도 구할 수 있다는 것을 의미합니다. 원시 피타고라스의 수 하나에 얼마나 많은 그냥 피타고라스의 수가 나오는지는 이미 앞에서 확인했습니다. 그렇다면 이 문자로 이루어진 원시 피타고라스의 수 $(m^2-n^2, \ 2mn, \ m^2+n^2)$의 위력은 실로 대단하다고 할 수 있습니다.

(3) 원시 피타고라스의 수는 몇 개일까?

그럼 $(m^2-n^2,\ 2mn,\ m^2+n^2)$의 위력을 직접 확인해 보도록 하겠습니다.

$m>n>0$을 만족하고 m은 짝수, n은 홀수라고 가정한 후 피타고라스의 수를 구해보도록 합시다.

m ＼ n 변	1 $a,\ b,\ c$	3 $a,\ b,\ c$	5 $a,\ b,\ c$	7 $a,\ b,\ c$	9 $a,\ b,\ c$	
2	3, 4, 5					$\cdots$
4	15, 8, 17	7, 24, 25				$\cdots$
6	35, 12, 37	27, 36, 45	11, 60, 61			$\cdots$
8	63, 16, 65	55, 48, 73	39, 80, 89	15, 112, 113		$\cdots$
10	99, 20, 101	91, 60, 109	56, 90, 106	51, 140, 149	19, 180, 181	
$\vdots$	$\vdots$	$\vdots$	$\vdots$	$\vdots$	$\vdots$	$\vdots$

이번에는 m이 홀수이고 n이 짝수일 때 피타고라스의 수를 구해봅시다.

m ＼ n 변	2 $a,\ b,\ c$	4 $a,\ b,\ c$	6 $a,\ b,\ c$	8 $a,\ b,\ c$	10 $a,\ b,\ c$	
3	5, 12, 13					$\cdots$
5	21, 20, 29	9, 40, 41				$\cdots$
7	45, 28, 53	33, 56, 65	13, 84, 85			$\cdots$
9	77, 36, 85	65, 72, 97	45, 108, 117	15, 112, 113		$\cdots$
11	117, 44, 125	137, 88, 137	85, 132, 157	57, 176, 185	21, 220, 221	$\cdots$
$\vdots$	$\vdots$	$\vdots$	$\vdots$	$\vdots$	$\vdots$	$\vdots$

위의 표에 나온 피타고라스의 수들을 살펴봅시다. 색칠된 칸의 수는 m, n의 값이

3, 6과 6, 9와 같이 서로소가 아니므로 완전 피타고라스가 될 수 없습니다. 그러나 이것을 제외한 모든 쌍은 원시 피타고라스의 수입니다. 변수로 된 원시 피타고라스의 수식 하나로 인하여 무수히 많은 또 다른 원시 피타고라스의 수를 구했습니다. 그러니 앞에서 본 피타고라스 말대로 당연히 얻어지는 '그냥' 피타고라스의 수는 더욱 많을 것입니다.

이와 같이 피타고라스의 수를 구하기 위한 연구는 피타고라스 시대에서 끝난 게 아닙니다. 그 후도 많은 수학자들이 이 분야에 관심을 가지고 연구하였습니다.

피타고라스 시대 이후 700년의 세월이 흘러서 대수학의 아버지라고 불리는 디오판토스는 $x^2 + y^2 = z^2$을 만족하는 자연수 x, y, z값을 구하는 방법을 발표했으며, 더 나아가 $x^4 + y^4 + z^4 = u^4$을 만족하는 자연수를 발견하기도 했습니다. 이를 이어 받아 17세기 최고의 수학자로 꼽히는 페르마도 이 연구에 몰두했습니다. $x^2 + y^2 = z^2$, $x^3 + y^3 = z^3$, $x^4 + y^4 = z^4$, ⋯ 꼴의 방정식의 해를 구하는 방법을 연구하다가

"n이 2보다 큰 정수이면 $x^n + y^n = z^n$을 만족하는 x, y, z의 정수값은 존재하지 않는다."

라는 '페르마의 대정리' 라고 불리는 유명한 정리를 발견하였습니다. 그러나 페르마는 자신이 독학하기 위해 들고 다니던 디오판도스의 『산학』이라는 책의 한 구석에 이 정리만 남겼을 뿐 그 증명은 남기지 않았습니다.

그 후 오일러가 $n = 3$, 4일 때는 이 정리가 참임을 발견하는 등 많은 수학자들의 치열한 연구가 계속되었으며 현재 $n = 100$까지 이 정리가 옳다는 것이 증명되었습니다. 그러나 이것도 단지 어떤 특정한 수에 대해 성립함을 보였을 뿐, n에 어떤 정수가 오더라도 성립한다는 일반성의 증거는 증명되지 못한 채 미궁 속에 빠져 있었습

니다.

그러던 중 최근 1993년 6월 미국 프린스턴대학의 와일즈 교수에 의해 350년간 수학계를 미로 속에서 헤매게 한 페르마의 대정리를 증명해냈습니다. 그런데 이 증명을 검토 하던 중 논리의 비약이 발견되어 와일즈 교수는 동료들과 함께 공동 연구를 하여 오류 부분을 해결하였습니다. 그리고 1995년 심사를 걸쳐 논문집을 발간하여 페르마의 대정리는 비로소 영원한 진리가 되었습니다.

와일즈 교수

그러나 여기서 중요한 것은 이 정리가 참이냐 거짓이냐가 아닙니다. 아주 옛날 피타고라스가 직각삼각형이라는 도형에서 $x^2+y^2=z^2$라는 수식을 찾아내고, 그 해를 구하는 것을 출발점으로 하여 $x^n+y^n=z^n$이라는 식으로까지 발전시킨 것처럼 인간의 끝없는 지적 호기심과 끈기가 결국에는 인류의 문명을 발전시켰다는 것에 의미를 둬야 합니다.

> 앞이 보이지 않는 절망적인 순간에서 이 문제(페르마의 대정리)와
> 씨름하는 그 자체가 즐거웠다
>
> - 와일즈 교수

목장 둘레의 최소값은?

김씨는 큰 목장을 운영하고 있습니다. 목장은
정사각형 모양을 주변으로 각 변마다 넓이가 서
로 다른 직각삼각형이 붙어있는 땅의 모양을 하
고 있습니다. 모든 변의 길이는 km 단위로 자연
수가 된다고 합니다. 목장의 둘레의 길로 가장 작
은 값은 얼마일까요?

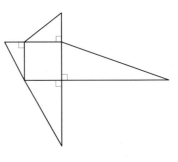

풀이

네 개의 직사각형이 가운데 낀 정사각형의 각 변을 하나씩 가져야 하므로 당연히 한 수는
같은 수를 갖는 피타고라스의 수 중에서 작은 것으로 4개를 찾으면 됩니다.

$(3,\ 4,\ 5)$에서 나오는 피타고라스 수 $(12,\ 16,\ 20)$, $(9,\ 12,\ 15)$와 두 개의 원시 피
타고라스의 수 $(5,\ 12,\ 13)$, $(12,\ 35,\ 37)$가 길이가 12인 변을 공유하는 가장 작은 직각
삼각형들의 세 변이 될 수 있습니다. 따라서, 목장 둘레의 길이는

$$16+20+9+15+5+13+35+37=150(\text{km})$$ 입니다.

3 피타고라스 정리의 활용

아마 여러분들의 부모님 중에 수학이라는 과목에서 손을 뗀 지 오래되었다 하더라도 '피타고라스 정리'는 잊지 못하고 기억 속에 남아 있으신 분들이 꽤 있으실 것입니다. 왜 '피타고라스의 정리'는 잊혀지지 않을까요? 아마도 이 정리가 수학 교과서뿐만 아니라 생활 곳곳에서 우리들 눈에 많이 띄기 때문일 것입니다.

다음에 나오는 세 개의 제시문은 모두 옛날 수학책에 나오는 문제들입니다. 이것들을 보면 '피타고라스 정리'는 과거에서부터 지금까지 생활 속에서 자주 사용하는 도구처럼 아주 유용하게 쓰이고 있다는 것을 알 수 있습니다.

[제시문 가]

미련한 자 대나무 들고 집안에 들어가려 하니, 문이 앞을 가로막고 있구나. 가로로 네 자 길고 세로로 두 자 길어, 안타까운 나머지 엉엉 울더라.

총명한 자가 다가와 대나무를 비스듬히 대각선으로 맞추어보라고 가르치니, 미련한 자 그렇게 시험해 보았더라. 더 길지도 않고 더 짧지도 않구나.

대체 이 대나무의 길이는 얼마인가? - 수학자 허순방의 『고산취미』중에서

[제시문 나]

유리알 같이 맑은 호숫가에,

반 자 높이에 빨간 연꽃 두둥실,

그 자태 어여쁘기도 하다.

돌연 광풍이 몰아쳐 가냘픈 연꽃,

원래 자리에서 두 자 멀리 밀려가,

누워지듯 연꽃은 수면 위에 늘어졌구나.

이 호수의 깊이가 어느 정도나 될까? - 인도의 수학자 파스카라의 저서 중에서

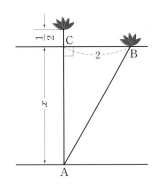

[제시문 다]

원형의 성벽으로 둘러싸인 성의 동서남북에 문이 있다. 서쪽 문에서 남으로 480보 가면 한 그루의 나무가 서있다. 또, 북문에서 동쪽으로 200보 가면 비로소 성의 저쪽에 있는 나무가 보이기 시작한다. 그러면 이 성의 반지름은 얼마인가? - 중국 수학자 이야의 저서 『측원해경』 중에서

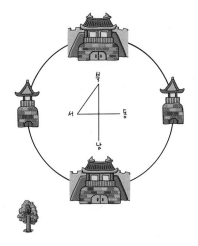

기본적으로 어느 두 점 사이의 거리를 구한다거나, 어느 지점에서 어느 지점까지 가는 최단거리를 구한다거나, 여러 평면도형, 입체도형을 구성하는 변들의 길이를 구하기 위해서 오래전부터 피타고라스의 정리가 활용되었습니다. 점차 이런 기본적인 문제에서 출발하여 삼각함수(sin, cos, tan), 방정식($x^n + y^n = z^n$ 등) 등 기하에서 대수쪽으로 발전하게 되는 계기도 마련해 주었습니다.

피타고라스의 정리 활용의 고전판

앞의 세 제시문에서 구하고자 하는 것을 모두 구하여 봅시다.

풀이

[제시문 가]

대나무의 길이를 x라 하면 문의 가로 길이는 $x-4$, 세로의 길이는 $x-2$. 따라서, 피타고라스 정리에 의하여

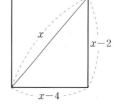

$$x^2 = (x-4)^2 + (x-2)^2$$

$$x^2 = (x^2 - 8x + 16) + (x^2 - 4x + 4)$$

$$x^2 = 2x^2 - 12x + 20$$

$$x^2 - 12x + 20 = 0$$

$$(x-2)(x-10) = 0 \quad \therefore \ x = 2, \ 10$$

그런데 $x=2$이면 세로의 길이가 0이 되므로 대나무의 길이는 10자입니다.

[제시문 나]

호수의 깊이를 x라 하면, 연꽃의 길이는 $x+\dfrac{1}{2}$입니다. 따라서 피타고라스 정리에 의하여

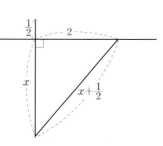

$$\left(x+\dfrac{1}{2}\right)^2 = x^2 + 2^2$$

$$x^2 + x + \dfrac{1}{4} = x^2 + 4$$

$$\therefore x = \frac{15}{4}(\text{자})$$

[제시문 다]

서문의 위치를 W, 북문의 위치를 N으로 하고 나무의 위치를 T, N에서 동으로 200보 간 지점을 B, $\overline{BA}$와 원과의 접점을 A라 하면,

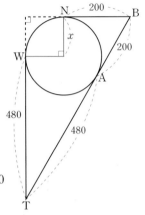

$$\overline{WT} = \overline{AT} = 480, \ \overline{BN} = \overline{AB} = 200$$

이고, 성의 반지름을 x라 하면 피타고라스의 정리에 의하여

$$(x+480)^2 + (x+200)^2 = (480+200)^2$$

$$x^2 + 960x + 230400 + x^2 + 400x + 40000 = 462400$$

$$2x^2 + 1360x - 192000 = 0$$

$$x^2 + 680x - 96000 = 0$$

$$(x-120)(x+800) = 0$$

$$x > 0 \text{ 이므로 } x = 120(\text{보})$$

잠깐!

원의 성질

- 원의 중심과 접점을 이으면 90°를 이룬다.
- 원 밖의 한 점에서 그은 두 접선의 길이는 같다.
$$\overline{PA} = \overline{PB}$$

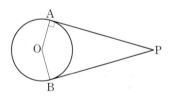

이렇게 피타고라스 정리를 이용하면 여러 도형의 대각선 길이나 높이를 쉽게 구할 수 있으며 넓이도 구할 수 있습니다. 또한 길이를 측정하기가 용이한 부분의 변의 길이 몇 개만 알면 쉽게 측정하기 곤란한 변들의 길이, 높이 등을 구하고 부피까지 간단

히 해결할 수 있습니다. 독자들은 교과서에서 이 사실을 이미 배웠거나, 혹은 앞으로 배우게 될 것입니다. 여기에서는 간략하게 정리만 해놓았지만 이것들은 앞으로 고난이도 문제들을 해결하기 위한 기본 개념들이므로 충분히 교과서를 통해서 기초를 다져야 합니다.

'피타고라스 정리'는 단순히 교과 과정에 포함된 이론이 아니라 더 나아가 건축, 예술 분야까지 영향을 미칠 정도로 그 응용 분야가 너무나 넓습니다. 기본적인 피타고라스 정리의 활용은 훌륭한 예술품을 창조해 내기도 합니다. 그 한 가지 예로 다음 그림을 봅시다.

위의 그림에서 눈에 익은 도형이 보일 것입니다. 바로 유클리드의 증명에서 보았던 것입니다.

직각삼각형의 세 변을 한 변의 길이로 하는 정사각형을 그리고 위의 두 정사각형의 변을 빗변으로 하는 직각삼각형을 작도합니다. 그리고 같은 작업을 반복하여 만들면 위와 같은 멋있는 모습을 만들 수 있습니다. 나무처럼 생긴 모습 때문에 이 그림을 '피타고라스의 나무'라고 부릅니다. 이 피타고라스의 나무의 원리를 이용하여 엠마 리드(Emma Reed)라는 건축가는 '피타고라스의 정원'을 설계했습니다.

엠마 리드가 설계한 피타고라스의 정원

이처럼 수학 문제를 푸는 도구로만 여겨왔던 피타고라스 정리가 정원 디자인에까지 영향을 미쳤습니다. 만약 피타고라스 정리를 공부하다가 따분해질 때가 있다면 여러분도 이런 멋있는 정원을 설계해 보시길 바랍니다. 그러면 피타고라스 정리가 한층 더 가깝게 느껴지겠죠.

교과서에 나온 피타고라스 정리의 활용

(1) 평면도형에서의 기본 활용

▶ 직사각형의 대각선의 길이   ▶ 정사각형의 대각선의 길이   ▶ 정삼각형의 높이

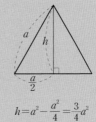

$$l^2 = a^2 + b^2$$

$$l^2 = a^2 + a^2 = 2a^2$$

$$h = a^2 - \frac{a^2}{4} = \frac{3}{4}a^2$$

$$\therefore l = \sqrt{a^2 + b^2}$$

$$\therefore l = \sqrt{2}a$$

$$\therefore h = \frac{\sqrt{3}}{2}a$$

▶ 특수삼각형의 길이의 비

① 직각이등변삼각형(45°)   ② 두 예각이 30°, 60°인 직각삼각형

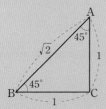

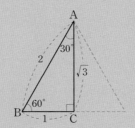

▶ 서로 다른 두 점 $P(x_1, y_1)$, $Q(x_2, y_2)$ 사이의 거리

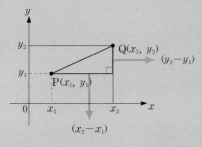

$$\overline{PQ} = \sqrt{(x_2 - x_1)^2 + (y_2 - y_1)^2}$$

(2) 입체도형에서의 기본 활용

▶ 직육면체 대각선의 길이

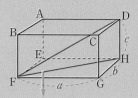

$$\overline{FH}=\sqrt{a^2+b^2}$$

$$\therefore \overline{FD}=\sqrt{a^2+b^2+c^2}$$

▶ 정육면체 대각선의 길이

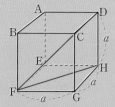

$$\overline{FH}=\sqrt{a^2+a^2}=\sqrt{2}a$$

$$\therefore \overline{FD}=\sqrt{2a^2+a^2}=\sqrt{3}a$$

▶ 입체도형의 높이

① 정사면체의 높이

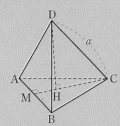

$$\overline{CM}:\overline{CB}=\sqrt{3}:2 \qquad \therefore \overline{CM}=\frac{\sqrt{3}}{2}a$$

또, 점 H는 △ABC의 무게중심으로

$$\overline{CH}=\overline{CM}\times\frac{2}{3}=\frac{\sqrt{3}}{3}a$$

$$\therefore \overline{DH}=\sqrt{a^2-\frac{3}{9}a^2}=\frac{\sqrt{6}}{3}a$$

② 원뿔의 높이

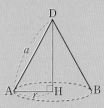

$$\overline{DH}=\sqrt{a^2-r^2}$$

▶ 입체도형의 겉면 위의 두 점을 잇는 최단거리는 전개도에서 두 점을 잇는 선분의 길이입니다.

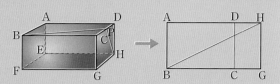

한 변의 길이로 넓이를 구하라

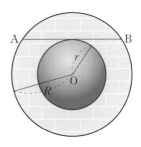

　오른쪽 그림과 같이 원형 연못의 둘레에 원형 도로를 제작했습니다. 이 원형 도로의 넓이를 구하려고 하는데 딱 한 변의 길이만 재어서 알아내야 한다면 세 선 중 어떤 선을 택할 것인지 생각해 봅시다.

풀 이

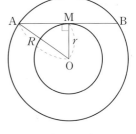

　선분 AB를 선택해야 합니다.

　원형 도로의 넓이부터 구하면

$$S=\pi R^2-\pi r^2=\pi(R^2-r^2)\ \cdots\ ①$$

측정한 $\overline{AB}$의 길이를 d라 하면 $\overline{AM}=\dfrac{d}{2}$

피타고라스 정리에 의하여 $\left(\dfrac{d}{2}\right)^2+r^2=R^2$

$$\therefore\ R^2-r^2=\left(\dfrac{d}{2}\right)^2\ \cdots\ ②$$

②를 ①에 대입하면 $S=\dfrac{\pi}{4}d^2$가 됩니다.

잠깐!

현의 성질

 • 현에 원의 중심에서 그은 수선은 현을 이등분한다.
 • 현의 수직이등분선은 원의 중심을 지난다.

놀이기구에도 피타고라스 정리를…

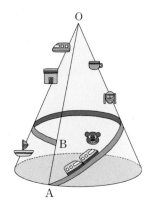

오른쪽 그림처럼 원뿔 모양의 산에 관광열차 궤도를 만들려고 합니다. A 지점을 출발하여 산을 한 바퀴 돌아 B 지점으로 가는 궤도를 최단 거리로 놓으면, 이 궤도는 처음에는 오르막길이지만 나중에는 내리막길이 됩니다. 이 내리막길 부분의 길이는 얼마일까요? (단, $\overline{OA}=$ 80km, $\overline{AB}=20$km, 밑면의 반지름$=20$km)

풀 이

원뿔의 전개도를 그리면 오른쪽 그림과 같습니다.

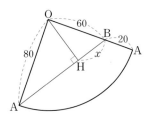

$$\angle AOB = \frac{20}{80} \times 360 = 90°$$

따라서 △AOB는 직각삼각형입니다.

$$\overline{AB}^2 = 80^2 + 60^2 = 6400 + 3600 = 10000$$

$$\therefore \overline{AB} = 100$$

또, 최단거리 $\overline{\mathrm{AB}}$에서 H 지점까지는 오르막길이다가 H 지점 이후부터 내리막길이므로 $\overline{\mathrm{BH}}=x$라 하면

$\quad\quad$ △OAB∽△HOB이므로

$\quad\quad$ $\overline{\mathrm{OB}}:\overline{\mathrm{HB}}=\overline{\mathrm{AB}}:\overline{\mathrm{OB}}$

$\quad\quad$ $60:x=100:60$

$\quad\quad$ $100x=3600$ $\quad \therefore x=36(\mathrm{km})$

잠깐!

원뿔의 전개도에서 옆면 부채꼴의 중심각 크기

(옆면의 둘레)＝(밑면의 둘레)

따라서,

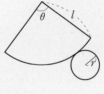

$$2\pi l \times \frac{\theta}{360°}=2\pi r \Leftrightarrow l \times \frac{\theta}{360°}=r$$

$$\therefore \theta = \frac{r}{l} \times 360°$$

명동성당에서 찾은 피타고라스 정리

명동성당은 프랑스 신부 코스트(Coste)가 설계하였고 파리 선교회의 재정지원을 얻어 건립되었습니다. 본래 순교자 김범우의 집이 있던 곳으로, 그 후 1887년 한국과 프랑스 사이에 통상조약이 체결된 후 1898년에 완성되었습니다. 우리나라 최초의 벽돌로 쌓은 교회이며, 순수한 고딕식 구조로 지어졌습니다. 성당 안으로 들어서면 경건하고 장엄한 분위기에 저절로 압도가 됩니다. 장엄한 분위기에 가장 큰 역할을 하는 것은 아마도 피시스(Piscis) 모양을 한 기둥들일 것입니다. 바닥(땅)에서 위를 향해 뻗어간 기둥들이 천장(하늘)에서 서로 만나는 것 같은 착각을 불러일으킵니다. 피시스는 원래 '물고기'란 뜻의 라틴어에서 유래되었습니다. '예수 그리스도(Jesus Christ)', '하느님의 아들(Son of God)', '구세주(Savior)'를 그리스 어로 바꿔 머리글자를 모으면 '익투스($IX\Theta Y\Sigma$)'가 되는데 이것은 '물고기'라는 뜻을 가집니다.

그럼 이 피시스를 자와 컴퍼스를 이용해 그려볼까요.

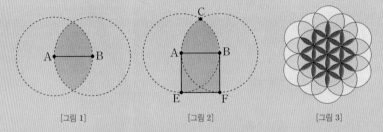

[그림 1]　　　　　　　[그림 2]　　　　　　　[그림 3]

먼저 선분 AB를 그린 뒤 점 A, B 각각을 중심으로 선분 AB를 반지름으로 하는 원을 두 개 그립니다. 이때, 두 개의 원이 겹쳐진 부분(아몬드 열매 모양 또는 렌즈 모양)이 바로 피시스입니다[그림 1]. 또는 두 원의 중심 A, B에서 수선을 그어 두 원과 만나는 점들을 E, F라 하고, 두 점 E와 F를 선분으로 연결하여 정사각형 AEFB를 만듭니다. 그러면 자연스럽게 피시스 반쪽과 정사각형을 결합한 또 다른 모양을 만들 수 있습니다[그림 2]. 피시스를 여러 개 결합하여 아름다운 무늬를 만들 수도 있습니다[그림 3].

작도는 단순하지만 장엄하고 겸허한 종교적 분위기를 내는 피시스 문양에서 피타고라스 정리를 찾아봅시다. 그리고 피시스의 너비와 높이의 비를 알아봅시다.

삼각형 ABC에서 세 변 AB, BC, CA는 서로 같으므로 (∵ 반지름이므로) 정삼각형입니다.

이때, $\overline{AB}=1$, $\overline{AF}=\dfrac{1}{2}$ (∵ 점 F는 선분 AB의 중점이므로)이 되고 삼각형 CAF는 직각삼각형이므로 피타고라스 정리에 의해

$$\therefore \overline{CF}^2=\overline{CA}^2-\overline{AF}^2=\frac{3}{4} \qquad \therefore \overline{CF}=\frac{\sqrt{3}}{2}$$

따라서 피시스의 너비와 높이의 비는

$$\overline{AB}:\overline{CD}=1:2\times\frac{\sqrt{3}}{2}=1:\sqrt{3}\text{이 됩니다.}$$

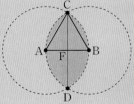

피타고라스의 정리를 마치며

정말 우주에 생물체가 존재할까요?

사람들이 호기심을 가지는 가장 흥미로운 것 중에 UFO와 외계인의 존재 여부에 대한 것을 빠뜨릴 수 없을 것입니다.

이미 오래전부터 과학자들은 우주에 생물체가 존재할지도 모른다는 가정을 하고 외계인

SETI에서 개발한 프로그램 BOINC

과 교신을 해보려는 시도를 하고 있습니다. 이것이 바로 나사(NASA)에서 진행 중인 SETI(Search for extraterrestrial intelligence) 프로그램입니다.

SETI는 우주의 어딘가에 지구인보다 지능이 뛰어난 생물이 있을 것이라고 가정을 하고, 탐사를 해서 우주 생물체와 교류하려는 계획입니다. SETI에 참여했던 과학자들 사이에 있었던 일화를 소개하도록 하겠습니다.

과학자들은 만약 외계인이 UFO를 타고 와서 지구를 관찰한다면, 그들에게 지구의 발전된 문명 수준을 보여주기 위해 내세울 만한 것이 무엇이 있을지 고민을 하였습니다. 그리고 인류의 문명을 상징적으로 나타내는 것에 대한 열띤 토론이 벌어졌습니다. 그들이 오랜 고심 끝에 결정한 것이 무엇이었을까요?

그것은 바로 특별할 것 없는 직각삼각형이었습니다. 그래서 과학자들은 외계인이 볼 수 있도록 높은 산 정상의 커다란 바위에 직각삼각형을 새겨 놓았다고 합니다.

이것을 선택한 이유는 직각삼각형을 그릴 수 있다는 것은 직각을 만들 수 있다는 것이고, 그것은 바로 인간들이 높은 건물을 세울 수 있는 능력을 가지고 있다는 것을 의미하기 때문입니다.

인공위성으로 지구를 내려다보면 중국의 만리장성과 이집트의 피라미드의 형체가 보인다고 합니다. 직각삼각형을 그릴 수 있다는 것은 만리장성과 피라미드보다 더 크고 높은 건축물을 얼마든지 세울 수 있다는 증거가 될 수 있으니 이보다 더 탁월한 자랑거리도 드물 것입니다.

직각삼각형에 대한 정리인 피타고라스 정리는 이렇게 인류 문명에 지대한 영향을 미치는 위대한 발명임에 틀림없습니다.

4 장

비밀과 규칙의 결합

미로

인생은 자유로이 여행할 수 있도록 시원하게 뚫린 대로가 아니다.
때로는 길을 잃고 헤매기도 하고
때로는 막다른 길에서 좌절하기도 하는 미로와 같다.
그러나 믿음을 가지고 끊임없이 개척한다면
신은 우리에게 길을 열어 줄 것이다.
그 길을 걷노라면 원하지 않던 일을 당하기도 하지만
결국 그것이 최선이었다는 사실을 알게 된다.
- A.J. 크로닌

쥐의 움직임

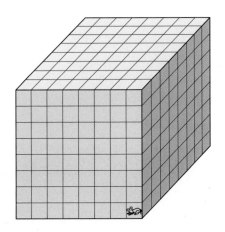

위의 그림처럼 512개의 작은 방으로 이루어져 있는 우리에 쥐가 한 마리 있습니다. 전기로 작동되는 작은 장난감 쥐는 오른쪽 끝의 아래 전면에 있는 작은 방에 들어있습니다. 리모컨을 사용하여 좌우로 세 개의 방, 상하로 두 개의 방을 움직이는 것이 가능하다고 합니다. 장난감 쥐가 한가운데의 방으로 이동하는 것이 가능할까요?

풀이--

512는 짝수이므로 한 가운데의 방은 존재하지 않기 때문에, 가능하지 않습니다.

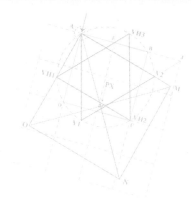

수학으로
복잡한 미로에 도전한다

2006년에 개봉된 길레르모 델 토로 감독의 「판의 미로-오필리아와 세 개의 열쇠」라는 판타지 영화가 있습니다.

이야기의 줄거리는 이렇습니다. 아주 먼 옛날, 행복과 평화로 가득 찬 환상의 지하 세계에 한 공주가 있었습니다. 늘 햇빛과 푸른 하늘이 그리웠던 공주는 결국 인간 세계로 나가는 문을 열고 맙니다. 하지만 너무나 눈부신 햇살에 공주는 기억을 잃은 채로 쓰러졌습니다. 스페인 내전으로 파시스트당이 다시 집권한 이후, 민간인으로 구

영화 「판의미로」 포스터

성된 반란군 사이의 국지전으로 사회가 혼란스러울 때였습니다. 오필리아라는 소녀가 만삭인 엄마와 함께 파시스트당 대위인 새 아버지의 부대 근처에 있는 집으로 이사를 갑니다. 냉정한 새 아버지는 오필리아에게 두려움의 존재였고, 음울한 숲으로 둘러싸인 낡은 집에서는 오필리아의 슬픈 운명을 예감하는 듯 기분 나쁜 소리가 흘

러나옵니다. 저택에 도착한 첫날밤, 잠을 못 이루던 오필리아 앞에 요정이 나타납니다. 오필리아는 요정을 따라 저택의 근처에 있는 오래된 미로로 가게 되고, 미로를 따라 중앙에 도착한 오필리아는 그곳에서 판이라는 요정을 만나게 됩니다. 요정 판은 오필리아에게 그녀가 지하 세계의 공주 모안나라고 말하며 그녀에게 보름달이 뜨기 전에 지하세계로 돌아갈 수 있는 세 가지 열쇠를 찾아야 하는 미션을 제안합니다. 첫 번째 열쇠는 '가장 두려운 존재를 상대할 용기가 있는 자'에게만 주어지고, 두 번째 열쇠는 '가장 탐스러운 음식을 참아낼 인내가 있는 자'에게, 마지막 세 번째 열쇠는 '가장 아끼는 것을 포기할 희생이 있는 자'에게만 주어집니다. 열쇠의 비밀은 오직 미로 속에 사는 요정 판이 쥐고 있습니다.

독자들은 재미있는 퍼즐 놀이 중 하나인 미로를 풀어본 경험이 있을 것입니다. 아마 대부분은 연필을 들고 이리저리 선을 그리면서 막히면 다시 나오고 새로운 길을 찾고 하기를 여러 번 반복해서 미로를 풀었을 것입니다. 그런데 이 선 긋기에도 수학적 방법이 있습니다. 그 방법을 잘 생각해본다면 시행착오의 횟수를 줄일 수 있습니다. 지금까지 놀이로만 생각했던 미로 속에 숨어 있는 수학의 비밀을 캐어보면 수학의 놀라운 힘에 다시 한 번 감탄하게 될 것입니다.

오필리아를 미로로 인도하여 준 요정

자, 오필리아는 요정의 안내로 미로를 잘 찾아갔습니다. 하지만 우리는 '수학의 힘'으로 미로를 풀어볼까요?

로나몬드의 은신처

　다음 미로는 듀드니라는 유명한 미로작가가 헨리 2세와 애인인 로자몬드 사이의
이야기를 바탕으로 만들었다고 합니다.
전해져오는 이야기에 의하면 12세기 무
렵 영국의 우트스록 공원에 헨리 2세가 왕
비 에레나로부터 로자몬드를 보호하기 위
해 만든 미로인데 왕비 에레나는 '아리아
드네의 실타래' 와 같은 수법을 사용해서
궁전 중앙까지의 경로를 발견하고는 결국
로자몬드를 독살했다고도 합니다. 왕비보
다 빨리 궁전에 도착하여 에레나를 구하
여 줍시다.

개미와 베짱이의 시합

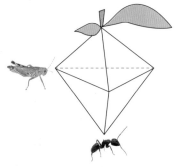

어느 여름날 개미는 육면체로 생긴 열매 위에서 열심히 일을 하고 있었습니다. 이때, 베짱이가 개미에게 다가와서

"개미야, 이렇게 더운 날씨에 그만 일하고 나랑 시원한 열매즙 내기시합을 하는게 어때? 이 열매의 모서리를 빠짐없이 한 번씩만 거쳐서 열매의 꼭지에 먼저 도달하는 자가 이기는 것으로 하자! 어때?"

묵묵히 듣고만 있던 개미는 이내 고개를 끄덕이며 시합에 응했습니다. 과연 누가 이길까요? 단, 편의상 열매의 모양은 직선으로 이루어진 육면체이며 모서리의 길이는 모두 같다고 봅니다. 또한 개미와 베짱이의 속도는 같습니다.

개미는 점 E에서 베짱이는 점 B에서 A지점까지 한붓그리기가 가능한지 살펴 봅니다.

우선, 베짱이가 있는 점 B는 짝수점이고, 점 A는 홀수 점이므로 짝수 점에서 출발하여 홀수 점까지 가는 길은 모든 모서리를 한 번씩 거쳐 가는 것이 불가능합니다. 그런데 개미가 있는

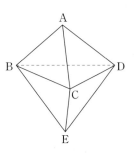

점 E는 홀수점이고 점 A도 홀수점이므로 한붓그리기가 가능합니다. 예를 들면 E → C → B → D → E → B → A → D → C → A의 경로를 따르면 됩니다. 결국 개미가 베짱이와의 내기에서 이겨 시원한 열매즙을 마실 수 있게 됩니다.

경로는 이외에도 더 있습니다. 한번 찾아보세요.

다면체 만들기

1975년 경주에 있는 신라 유적지 '안압지'에서 약 3만여 점의 유물이 발굴되었습니다. 그 유물 중 아주 특이한 모양의 주사위가 발견되었는데 바로 참나무로 만든 십사면체의 도형이었습니다. 이 주사위는 6개의 정사각형과 8개의 육각형으로 결합된 다면체로 서양은 물론 일본이나 중국에서도 발견된 적이 없

목제주령구, 진품은 발견 당시 건조과정에서 화재로 소실되었다.

는 도형으로 목제주령구(木製酒令具)라고 합니다. 즉 한국 고유의 기하학적인 구조를 가지고 있는 다면체입니다.

그러나 이 다면체는 어떠한 정다면체를 가지고 쉽게 만들 수 있다고 합니다. 어떤 정다면체로 어떻게 하면 이것을 만들 수 있을지 생각해보세요.

정팔면체의 모서리를 다듬어서 만든 다면체입니다.

정팔면체의 면인 정삼각형의 각 모서리에서 작은 정삼각형을 잘라내면 한 꼭지점에 모인 면의 개수가 4개이므로 정사각형이 나오고, 면은 육각형의 모양이 됩니다.

또한, 정팔면체의 꼭지점은 6개이므로 정사각형인 면이 6개 생기고, 면이 8개이므로 육각형의 면이 8개 생겨서 십사면체의 다면체를 만든 것입니다.

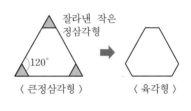

〈 큰정삼각형 〉 〈 육각형 〉

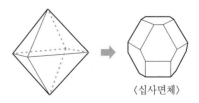

〈십사면체〉

목제주령구(木製酒令具)의 쓰임새

목제주령구＝목제(木製, 나무로 만들었다)＋주령(酒令, 술 마실 때 놀기 위해 만든 벌칙)＋구(具, 도구)

즉, '술 마실 때 벌칙을 주기 위해 만든 놀이 도구' 라는 뜻입니다. 통일신라시대 귀족들의 놀이 문화를 보여주는 자료이며, 서양의 정육면체 모양의 주사위 놀이보다 훨씬 더 발전한 놀이기구라 할 수 있습니다. 우리 조상들의 놀이에 대한 무한한 상상력을 잘 보여주고 있습니다. 14개의 면에 쓰여진 사자성어를 해석해보면 다음과 같습니다.

1. 삼잔일거(三盞一去) 한 번에 술 석잔 마시기
2. 중인타비(衆人打鼻) 여러 사람 코 두드리기
3. 자창자음(自唱自飮) 스스로 노래 부르고 마시기
4. 음진대소(飮盡大笑) 술을 다 마시고 크게 웃기
5. 금성작무(禁聲作舞) 소리 없이 춤추기
6. 유범공과(有犯空過) 덤벼드는 사람이 있어도 가만히 있기
7. 농면공과(弄面孔過) 얼굴 간지려도 꼼짝 않기
8. 곡비즉진(曲臂則盡) 팔을 굽혀 다 마시기
9. 추물막방(醜物莫放) 더러운 물건을 버리지 않기
10. 월경일곡(月鏡一曲) 월경 한 곡조 부르기
11. 공영시과(空詠詩過) 시 한 수 읊기
12. 임의청가(任意請歌) 누구에게나 마음대로 노래시키기
13. 자창괴래만(自唱怪來晩) 스스로 괴래만을 부르기
14. 양잔즉방(兩盞則放) 술 두 잔이면 쏟아버리기

또한 이 주사위의 전개도에 보조선을 그려보면 다음 그림과 같이 '거북이' 의 형상을 하고 있습니다. 거북은 장수, 길상 그리고 귀인 등을 의미하는 동물로서 우리 조상들의 사랑을 받던 동물입니다. 따라서 전개도가 거북의 형상을 하고 있는 것을 그저 우연의 일치라고 생각하기 어렵습니다.

십사면체 주사위 목제주령구를 통해 우리 조상들의 훌륭한 수학적 사고력과 놀이의 풍부한 상상력을 엿볼 수 있습니다.

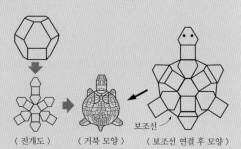

〈 전개도 〉　〈 거북 모양 〉　보조선　〈 보조선 연결 후 모양 〉

1 미로를 해결한 수학의 힘

'테세우스와 미노타우로스('미노스의 황소'라는 뜻으로, 얼굴은 황소이고 몸은 인간인 괴물)'라는 그리스 로마 신화가 있습니다.

미노스 왕은 명공 다이달로스를 시켜 크노소스 궁전 지하에 온통 꼬불꼬불한 길을 만들어 한번 들어가면 나올 수 없는 미궁을 만들었는데, 이것을 '라비린토스(labyrinthos)'라고 부릅니다. 이곳에 괴물 미노타우로스를 가두고 해마다 이 괴물에게 아테네의 소년 7명과 소녀 7명을 제물로 바쳤습니다. 세 번째 재

테세우스와 아리아드네

물로 바쳐질 소년 소녀들 중 아테네의 영웅 테세우스가 괴물을 없애기 위하여 자진해서 참가하였습니다. 그러자 테세우스에게 호감을 갖고 있던 미노스의 딸 아리아드네가 테세우스에게 명주실을 몰래 건네주었습니다. 이 실을 입구에 매어놓고 천천히 실타래를 풀어가면서 미궁을 따라 들어간 테세우스는 마침내 미노타우로스를 죽이고 풀어진 실을 따라서 미궁을 빠져 나왔습니다. 이 신화 속에 등장한 미로는 그 후 왕궁의 통로와 정원 등을 만들 때 많이 활용되었다고 합니다. 또 예술 작품 속에서 복잡다단한 인간의 심리를 표현할 때도 미로는 많이 이용되고 있습니다.

테세우스의 줄을 이용한 방법은 재치가 있기는 했지만 만약 미노타우로스를 찾아

가는 도중에 실이 끊어지거나 명주실이 모자랐다면 미로에서 빠져나오기 힘들었을 것입니다. 또는 길을 잃고 같은 자리를 뱅글뱅글 돌다가 결국은 찾지 못했을 수도 있다는 가정을 한다면 이 방법은 온전히 운에 맡겨야만 하는 방법이라고 할 수 있습니다.

미로의 도면을 알고 있다면 그것을 보면서 계획을 세우는 것이 좀 더 논리적인 방법이 될 것입니다. 바로 '삼면이 모두 막힌 곳'은 '더 이상 나갈 길이 없다'는 것을 의미하므로 그 부분을 하나씩 지워나가는 방법입니다. 이와 같이 하면 필요 없는 길은 전부 지워지고 필요한 길만 남게 됩니다. 다음은 미로의 놀이성이 점차 강조되면서 조금씩 복잡하게 변한 핫트필드 가의 미로입니다.

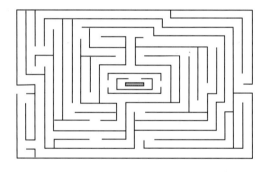

위의 도면에서 삼면이 막힌 곳을 칠해 보면 아래와 같이 불필요한 길이 사라지면서 가야할 길이 눈에 훤히 들어나게 됩니다.

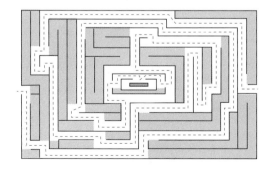

이 방법은 테세우스처럼 가느다란 실만 믿고 마냥 발길 가는 대로 가는 방법에 비하면 비교적 논리적인 방법입니다. 그러나 미로의 형태가 이보다 더 다양하고 복잡하다면 이 방법으로는 해결하기 어렵습니다. 예를 들어 심하게 휘어진 곡선이나 꼬불꼬불한 길이 많다거나, 길이 아닌 방과 방을 연결하는 문으로 이루어졌다던가, 형태가 파격적으로 변형 된 미로라면 이런 방법으로 해결하는 것에 무리가 있습니다.

겉으로 보이는 복잡한 모양, 서로 다른 길이, 크기와 같은 양적인 측면은 무시하고, 점과 선을 이용하여 그 연결 상태에만 집중을 한다면 어떤 일이 일어날까요?

이런 발상을 처음 시도한 사람은 스위스 수학자 오일러입니다. 오일러의 발상의 계기가 된 유명한 문제가 있습니다. 바로 '쾨니히스베르크의 다리' 입니다.

프러시아의 한 마을인 쾨니히스베르크 시(市)에는 도시를 관통하는 프레겔이라는 강이 있었습니다. 이 강에 의해 도시는 네 부분으로 나뉘는데 강 한복판에는 크나이포프 섬이 있고, 강에는 이 섬과 다른 지역을 연결하는 일곱 개의 다리가 놓여 있었습니다. 쾨니히스베르크의 시민들은 자주 이곳에서 산책을 즐겼습니다. 그러던 어느 날 "일곱 개의 다리를 오직 한 번만 건너서 다 지나갈 수 있는 산책 코스가 없을까?"라는 문제를 제기합니다. 시민들은 오랫동안 산책을 한 경험으로 "그런 코스는

없다"라는 결론을 내렸습니다. 그러나 오일러는 쾨니히스베르크의 다리에 중요한 원리가 숨어 있을 것이라는 생각에 왜 그러한 산책 방법이 불가능한지를 수학적으로 설명하고자 노력했습니다.

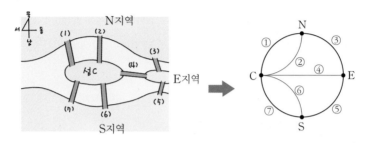

오일러는 마을의 모습을 왼쪽 그림처럼 꼭지점과 선으로 이루어진 회로망으로 그렸습니다. 즉 왼쪽의 지도에서 다리로 연결된 '지역(땅)을 꼭지점'으로 표현하고, '다리는 선'으로 표현하여 모양과 길이 등은 무시하고 위치와 연결 상태만을 고려하여 옮겨 그린 것입니다.

이 회로망으로 다리를 전부 한 번씩만 건너는 것은 불가능하다는 것을 보여주었습니다.

(1) 오른쪽의 회로망을 따라 선을 그릴 때 연필을 때지 않고 한 번에 모두 지나갈 수 있는가를 관찰하면 됩니다. 이렇게 도형을 두 번 지나지 않고 한 번에 그릴 수 있는 것을 '한붓그리기(drawing in one continuous stroke)'라고 합니다.

(2) 회로망에서 꼭지점에 연결된 선의 개수가 짝수이면 '짝수점', 홀수이면 '홀수점'이라고 합니다. 또, 한붓그리기를 시작하는 점을 '출발점', 끝나는 점을 '도착점'이라고 합니다.

(3) 짝수점·홀수점과 출발점·도착점 사이에는 다음과 같은 관계가 성립합니다.

홀수점	짝수점

(4) 한붓그리기가 가능한 조건은

ⅰ) 홀수점이 반드시 두 개만 있는 도형은 출발점과 도착점이 있게 되므로 한붓그리기가 가능합니다. 그러나 반드시 하나의 홀수점에서 출발하여 다른 홀수점으로 도착하도록 그려야만 가능합니다.

ⅱ) 홀수점이 하나도 없는 도형은 모두 짝수점으로만 이루어졌으므로 아무 점에서나 시작하여도 한붓그리기가 가능합니다.

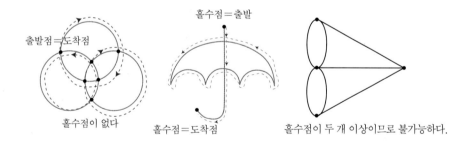

다시 쾨니히스베르크의 다리로 돌아가서 한붓그리기가 가능한가 알아보겠습니다. 네 개의 꼭지점이 모두 홀수점으로만 이루어져 있으므로 가능하지 않습니다. 이렇게 오일러는 시민들의 결론이 옳았음을 증명해 냈습니다.

시민들이 갈망하는 산책 코스를 만들어 주기

N지역에 사는 사람이 다리를 한 개씩만 건너서 E지역까지 가려면 어디에 다리를 하나 더 설치하면 될까요?

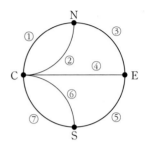

![풀이]

N지역에서 출발하여 E지역에 도착하기 위해서는 한붓그리기 가능조건에 의해 오직 꼭지점 N과 E만이 홀수점이어야 합니다.

꼭지점 C와 S는 짝수점이 되어야 하므로 꼭지점 C와 S를 잇는 선을 하나 더 추가하면 됩니다. 그러면 C와 S가 짝수점이 되므로 N(E)에서 출발하여 E(N)으로 도착하는 한붓그리기가 가능해집니다.

따라서, C 지역과 S 지역을 잇는 다리를 하나 더 건설하면 됩니다.

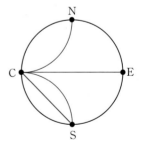

이밖에도 한붓그리기가 가능하기 위해서는 홀수점이 두 개만 존재하면 되므로 임의의 두 점을 잇는 다리 하나만 건설하면 가능해집니다. 예를 들어, (N, C)를 잇는 다리(선)을 하나 더 그으면 N과 C가 짝수점이 되므로 $S(E)$에서 출발하여 $E(S)$로 도착하는 한붓그리기가 가능하게 됩니다.

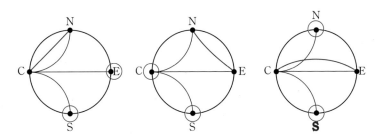

실제로 19세기에 쾨니히스베르크 시에서는 C와 S지역을 잇는 다리를 하나 더 만들어줌으로써 한 번에 여덟 개의 모든 다리를 건널 수 있는 산책 코스를 마련해 주었다고 합니다.

또한 오일러는 다리를 더 건설하지 않아도 다리를 두 번씩 건너게 되면 모든 점이 짝수점이 되므로 모든 다리를 건너 산책을 마칠 수 있다는 것도 알아냈습니다.

이 점을 잘 이용하면 미로의 탈출 문제도 해결할 수 있습니다. 즉 미로의 모든 길을 2번 통과한다고 하면 미로 가운데 모든 점은 짝수점이 되므로, 미로를 남김없이 2번씩 통과하면 다시 밖으로 나갈 수 있습니다.

실제로 미로에 도전하기 위해서는 프랑스의 토레모라는 사람이 고안한 법칙을 따르면 됩니다.

(1) 새로운 갈림길에 도달하였을 때는 어느 길이고 좋으니 새로운 길로 진행합니다.

(2) 막다른 길에 도달하면 온 길로 되돌아갑니다.

(3) 한 번 통과한 길을 통해서 갈림길에 도달하였을 때는 새로운 길이 있으면 그 길로

진행하고 한 번 통과한 길로 진행합니다.

(4) 물론 2번 통과한 길은 다시 통과할 수 없습니다. 이 방법으로 하면 결국 모든 길을 2번씩 통과하게 되어 시간은 많이 걸리나, 그 대신 확실하게 목적지에 도착할 수 있습니다.

이처럼 한붓그리기가 가능한 회로망을 '오일러 경로'라고 합니다. 오늘날 오일러 경로는 지하철이나 버스의 노선 문제, 놀이 공원 설계문제, 소화물 배송 문제, 백화점의 물건 배치 문제 등 실생활에서도 널리 이용되고 있습니다.

오일러 경로 찾기

다음 〈보기〉 중 오일러 경로를 모두 고르세요.

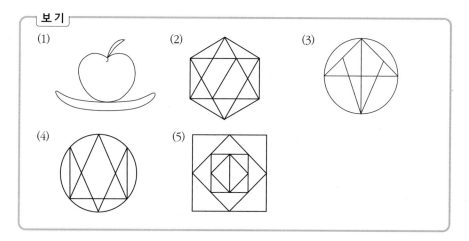

풀이

(1) 모든 점이 짝수점이므로 임의의 한 점에서 출발하여 그 점으로 도착하는 오일러 경로입니다.

(2), (4), (5) 표시된 점이 홀수점으로 두 곳이 있으므로 그 두 곳 중 하나를 출발점으로 하여 나머지 한 점으로 도착하는 오일러 경로입니다.

(3) 홀수점이 2군데 이상 있으므로 오일러 경로가 아닙니다.

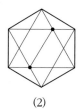
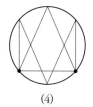
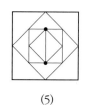

(2)　　　　　(4)　　　　　(5)

짧지만 알찬 제주도 여행

나천재 박사님이 1박 2일의 빡빡한 일정으로 제주도 여행을 계획했습니다. 비행기 안에서 박사님은 하루 만에 유명한 곳을 다 둘러보고 싶은 욕심에 다음과 같이 관광 코스 계획을 짰습니다. 제주공항에서 출발하여 모든 도로는 반드시 한 번만 지나 관광지를 모두 돌고난 뒤 서귀포 숙소에서 하룻밤을 보낸 뒤 다음날 공항으로 돌아갈 계획입니다. 자! 나천재 박사님은 계획대로 여행을 할 수 있을까요?

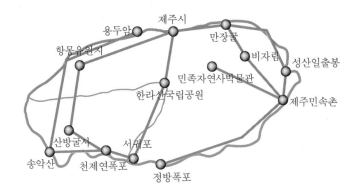

오른쪽 그림과 같이 관광명소를 점으로, 도로를 선으로 나타냅니다.

제주시에서 출발하여 서귀포까지 한붓그리기가 가능하면 나천재 박사님의 계획이 성공하는 것입니다. 출발점과 도착점이 홀수점이

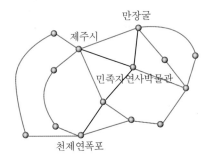

고 나머지는 모두 짝수점이면 되는데

ⅰ) 출발점인 제주시가 짝수점이고

ⅱ) 만장굴, 민족자연사박물관, 천제연폭포가 홀수점

이므로 불가능합니다. 따라서 이것들을 해결해주어야 합니다.

　제주시와 민족자연사박물관을 잇는 선을 하나 그려주면 제주시는 홀수점, 민족박물관은 짝수점이 되므로 해결됩니다. 또, 만장굴, 천제연폭포를 짝수점으로 하려면 만장굴에서 천제연폭포까지 그림과 같이 선을 하나 더 그리면 됩니다. 그러면 나천재 박사의 소원대로 짧지만 알찬 제주 여행이 성공하게 될 것입니다.

　물론 이 방법 이외에도 좋은 방법이 많이 있습니다. 여러분이 관광 가이드가 되어 나천재 박사를 도와주세요!

비밀의 방

　해리와 헤르미온느, 론이 호그와트 마법학교에 있는 비밀의 방에 갇히게 되었습니다. 이들은 이 방의 지도를 간신히 구했습니다. 비밀의 방은 아래 지도에서 보는 바와 같이 복도가 없으며, 문으로만 칸과 칸들이 연결되어 있습니다. 비밀의 방을 탈출할 수 있는 주문이 적혀 있는 일곱 장의 종이가 각각의 칸마다 한 장씩 들어 있고, 이 일곱 장의 주문 조각을 다 모아야만 비밀의 방을 탈출할 수 있다고 합니다. 그런데 문은 한 번 통과하면 폐쇄되어 다시는 통과할 수 없으며, 또한 모든 문을 반드시 한 번씩 통과해야 만합니다. 지금 세 명은 A칸에 갇혀있습니다. 세 명은 일단 지도를 보며 몇 차례 시도해보았지만 길을 발견하지 못한 그들은 그러한 길이 과연 존재할까하는 의문이 커지면서 차차 절망에 사로잡히고 있을 때, 헤르미온느가 "아! 찾았다!"라고 소리쳤습니다. 과연 똑똑한 헤르미온느는 어떤 방법으로 비밀의 방을 무사히 탈출하였을까요?

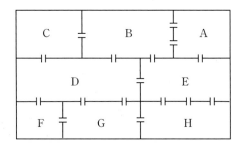

각 칸을 점으로, 칸과 칸 사이의 문을 두 점을 잇는 선으로 나타내어 회로망을 그려 보고 한붓그리기가 가능한지를 알아봅니다.

점 A, B만이 홀수점이므로 점 A에서 출발 하여 한 번씩 문을 통과하여 점 B로 돌아오는 것이 가능합니다.

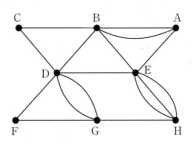

즉, 이들은 A 칸에서 출발하여 한 번씩 모든 문을 거쳐 일곱 장의 주문이 적힌 쪽지를 찾아 B 칸에 도착해서 주문을 완성한 뒤에 비밀의 방을 탈출하면 됩니다.

다양한 미로 도면

처음에는 자연 현상에 의해 생긴 미로를 나중에는 궁전이나 귀족들이 귀중품 도난방지를 위해 인공적으로 만들기 시작했습니다. 점차 인간의 불안, 망설임 등의 심리 상태를 종교적으로 표현할 때 미로의 이미지를 사용함으로써, 성당의 벽화나 바닥에 단순한 문양으로 그려진 상징적 미로가 많이 등장했습니다. 다음의 미로들이 이와 같은 종류의 미로로 크기도 작고 미로 탈출이 그렇게 어렵지도 않습니다.

센트 크엔친의 교회의 미로

루카 대성당의 미로

또한 미로는 정원이나 숲을 장식할 때도 많이 사용되고 있습니다. 미로의 숲을 만들어 입장료를 받고 일반인들에게 미로 탈출의 스릴을 맛보게 하는 놀이공원도 많이 생겼습니다.

햄톤 법원의 미로 : 영국의 윌리엄 3세를 위해 1690년에 만들어진 미로정원

제주도 북제주군의 김녕미로 : 1987년 미로 작가 에드린 피셔가 설계한 미로로 아시아의 유일한 관엽 상징 미로공원

하지만 무엇보다도 미로는 우리에게 사랑받고 있는 놀이입니다. 복잡하고 다양한 형태의 미로퍼즐이 무궁무진하게 개발되고 있습니다.

2 3차원 공간에도 오일러 경로가 있다

앞에서 본 '오일러 경로'가 2차원 공간(평면 공간)에서 점과 선의 연결 상태만으로 모든 것을 설명하는 '회로망론'의 시작을 알렸다면, 이번에는 3차원 공간(입체 공간)에서 다면체의 꼭지점과 선을 단순화시켜 '회로망론'을 완성했습니다.

"아무리 면이 많더라도 그 꼭지점과 변, 면 사이의 관계는 일정하다"라는 사실을 발견하였는데, 이것을 '오일러의 다면체 정리(오일러 공식)'라고 합니다.

다면체		꼭짓점 (vertex)의 개수 (v)	모서리 (edge)의 개수 (e)	면(face)의 개수 (f)	$v-e+f$
	팔면체	6	12	8	2
	오각뿔	6	10	6	2
	육면체	8	12	6	2
	삼각기둥	6	9	5	2

오일러는 다면체에서 면의 수, 꼭지점의 수 그리고 모서리의 수 사이에 특별한 관계가 있다는 사실을 알아냈습니다.

즉 오일러는 꼭지점의 개수, 모서리의 개수, 면의 개수가 다른 다면체라고 하더라도 모든 다면체는 "$v-e+f=2$를 만족한다"라는 공통의 성질을 지닌 도형이라는 것을 발견했습니다.

그 당시 오일러는 이것은 다면체 이외의 다른 도형과는 관련이 없다고 생각했습니다. 그리고 당연히 앞서 배운 오일러의 경로와도 아무 관련이 없는 별개의 것이라고 생각했습니다. 그러나 후세 수학자의 연구를 통해 오일러 공식은 다면체에서 뿐만 아니라 모든 도형에서도 이런 관계를 찾을 수 있으며, 오일러 경로와도 관계가 깊다는 것을 발견했습니다.

오일러 공식의 확장

오일러가 발견한 위의 정리를 바탕으로 다면체 이외의 다른 도형에서는 꼭지점, 모서리, 면 사이에 어떤 관계가 있는지 다음 표를 완성하여 봅시다.

다양한 도형		v	e	f	$v-e+f$
	수형도 (면이 없는 도형)				
	평면 도형 (면이 있는 도형)				
	다면체				
	구멍이 뚫린 다면체				

도형	v	e	f	$v-e+f$
수형도	10	9	0	1
평면도형	15	26	12	1
다면체	10	15	7	2
구멍이 뚫린 다면체	16	32	16	0

우리는 삼각형, 사각형, …, 원 등을 모두 다른 성질을 갖는 평면 도형으로 구분하여 경계를 지어 놓는 유클리드 기하학에 더 익숙합니다. 이런 관점으로 도형을 분류하여 연구한 것은 인류 문명에도 기여한 바가 큽니다. 그러나 새로운 세계에 도전하여 도형을 새로운 관점에서 살펴봅시다.

다양한 형태의 도형이지만 그 모양이나 크기를 무시하고, 꼭지점과 변의 연결 상태에 관심을 집중해볼까요.

간단한 반직선이 복잡하게 변해가더라도 점과 선의 연결 관계에는 변화가 없습니다.

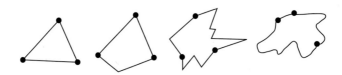

또, 세 점과 세 선으로 이루어진 삼각형이 점과 점 사이에 있는 선에 변화를 주어 모양과 길이가 다양해지고 복잡해져도 연결 상태에는 변화가 없습니다.

커피잔이 도넛으로 변하다.

이처럼 점과 선의 연결 상태만 같다고 같은 도형으로 인식한다면 어떤 일이 생길까요? 복잡한 모양도 단순한 모양으로 변화시킬 수 있을 것이고, 삼각형이 사각형이 될 수 없다는 경계선이 무너지는 수학의 자유 혁명이 일어난 것이라 할 수 있을 것입니다. 인류가 18세기 프랑스의 시민 혁명에 의해 신분의 격차에서 해방되었듯이 말입니다.

도형 사이의 크기·모양과 같은 양적 관계를 무시하고 도형 사이의 위치·연결 상태 등을 연구하는 기하학이 새로이 등장하게 되는데 이것이 바로 '위상기하학(位相幾何學, topology)'입니다. 위상기하학에서는 도형의 크기나 모양이 변하여도 도형의 연결 상태만 같으면 같은 도형으로 간주합니다. 예를 들어 정육면체와 정육각뿔이 유클리드 기하학에서는 다른 도형이지만 위상기하학에서는 점 선 면 사이에 $v-e+f=2$를 만족하는 공통점을 갖는 같은 도형으로 여깁니다.

더 나아가 위상기하학이 도형에게 부여해준 자유의 힘에 의해 2차 공간에서의 회로망 구조를 3차 공간의 도형에게도 적용할 수 있게 됩니다. 신축성이 매우 강하고 얇은 물질로 된 육면체가 있다고 상상해봅시다. 이것을 계속 잡아 늘리면 언젠가는 평면이 되겠죠. 이렇게 한다면 3차원 공간의 정육면체의 각 변이 다음과 같은 2차원 공간의 회로망 구조로 변할 수 있습니다.

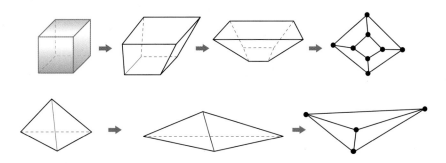

도형의 모양이나 형태에서 자유로워진 위상기하학은 현대 과학의 꽃이라 할 수 있

는 전자공학(반도체 분야 등)이나 경제학(최적 경로 등)에 지대한 발전을 가져왔습니다. 도심의 교통 공학, 링크 이론, 컴퓨터 네트워크, 반도체 칩의 설계 등이 모두 이 위상기하학의 탄생으로 가능했던 것입니다.

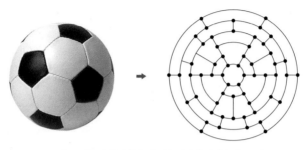

축구공을 연결 상태가 같도록 평면에 펼쳐 놓은 그림

잠깐!

확장된 오일러 공식

도형의 꼭짓점의 개수 v, 변의 개수 e, 면의 개수 f라 하면

수형도 : $v-e+f=1$

평면도형 : $v-e+f=1$

다면체 : $v-e+f=2$

구멍이 뚫린 다면체 : $v-e+f=0$

축구공의 비밀

우리나라와 일본이 공동으로 개최한 2002 한일 월드컵이 대한민국의 밤을 축제의 밤으로 바꿔놓았던 기억이 아직도 생생합니다. 축구는 대한민국 국민이 가장 좋아하는 스포츠 중 하나로 꼽힙니다. 빠른 발놀림으로 축구공을 주고받으며 골대에 넣기까지의 11인의 합동 정신은 아름답게 보이기까지 합니다. 이런 아름다운 스포츠에 걸맞게 축구공도 기하학적인 우아함을 지니고 있다는 것을 알고 계십니까? 축구공이 단순한 구의 형태가 아니라는 것은 모두 알고 있을 것입니다. 그럼 축구공은 어떤 모양일까요?

축구공은 독특한 기하하적 형태를 취하고 있어서 어느 수학자가 도안했을 것이라고 추측을 하고 있습니다. 축구공은 단순한 구의 모습이 아닌 정오각형과 정육각형의 멋진 조합으로 만들어진 다면체입니다. 이처럼 기하학적으로 흥미로운 모습을 가진 축구공은 아르키메데스가 정다면체였던 '정이십면체'에서 처음으로 고안해냈습니다. 모든 면이 정삼각형만으로 이루어진 정이십면체에서 어떻게 정오각형과 정육각형을 가진 축구공이 만들어질까요? 무척 신기하게 느껴지겠지만 생각보다 만드는 과정은 매우 간단합니다.

(1) 각 모서리를 삼등분하여 각 꼭지점을 중심으로 잘라냅니다. 그러면 한 꼭지점에 모인 면의 수가 5개이므로 잘라낸 단면에 '오각형'이 생깁니다. [그림 1]

(2) 그리고 정삼각형이었던 각 면은 정육각형이 됩니다. [그림 2]

(3) 정삼각형으로만 이루어졌던 정이십면체가 정오각형과 정육각형으로 이루어진

축구공 모양의 다면체로 변했습니다. [그림 3]

[그림 1]   [그림 2]   [그림 3]

이와 같이 두 가지 이상의 정다각형 면으로 이루어진 다면체를 '준정다면체' 또는 '아르키메데스의 입체도형' 이라고 합니다. 준정다면체는 모두 13가지가 있는데 이 중 축구공 모양의 다면체를 '깎은 정이십면체'라고 합니다. 이와 같이 초보적이고 단순한 기하학적인 사고에 의해 우아한 다면체가 만들어질 수 있다는 것은 수학이 우리에게 보여주는 또 하나의 마술이라 할 수 있습니다.

위의 과정을 잘 읽고 축구공의 꼭지점 개수를 구하여봅시다. (단, 정오각형과 정육각형의 변의 길이는 같고, 모든 정오각형의 둘레에는 정육각형이 5개씩 붙어 있습니다.)

풀이

한 정오각형에 정육각형 5개가 모여 있으므로 모든 꼭지점은 정오각형 1개와 정육각형 2개가 모여 만들어집니다. 정오각형의 개수를 a개, 정육각형의 개수를 b개, 이 입체의 꼭지점의 개수를 v개라 하면

$$a=\frac{v}{5} \Leftrightarrow v=5a, \ b=\frac{2v}{6} \Leftrightarrow v=3b \quad \therefore 5a=3b \cdots ①$$

한편 꼭지점의 개수는 $v=\frac{5a+6b}{3}$ (∵ 한 꼭지점에 3개씩 모여 있으므로)

모서리의 개수는 $e=\dfrac{5a+6b}{2}$ ($\because$ 두 개의 면으로 모서리 하나를 만듦으로)

면의 수 $f=a+b$이고 오일러의 공식 $v-e+f=2$에 의해

$$\frac{5a+6b}{3}-\frac{5a+6b}{2}+a+b=2$$

$$2(5a+6b)-3(5a+6b)+6a+6b=12$$

$$10a+12b-15a-18b+6a+6b=12 \quad \therefore a=12$$

①에 의해 $b=20$

$$\therefore v=\frac{5\times12+6\times20}{3}=60(개)$$

아르키메데스의 준정다면체

축구공은 어떻게 만들어지게 되었을까요? 축구공의 기하학적인 모양을 처음으로 발견한 사람은 바로 아르키메데스입니다. 아르키메데스는 목욕을 하던 중 왕의 금관에 금 대신 은이 섞여있다는 것을 알아내는 방법을 깨닫고는 너무 기쁜 나머지 옷도 입지 않은 채 "Heurka!, Heurka!(유레카! 유레카!, 알아냈다! 알아냈어!)"라고 외치며 집으로 달려갔다는 유명한 일화를 남긴 고대 그리스 최대의 수학자이며 물리학자입니다. 축구공은 그가 고대 그리스 시대에 물을 상징하는 정다면체였던 '정이십면체'에서 처음으로 고안한 다면체입니다.

준정다면체란 정다면체의 모든 꼭지점을 한 종류의 정다각형으로 잘라내어서 생긴 다면체로 두 개 이상의 다각형으로 면이 이루어진 다면체입니다. 아르키메데스에 의해 처음으로 발견되었기 때문에 '아르키메데스의 입체'라고도 부릅니다.

그러나 아르키메데스가 남긴 기록은 모두 사라졌기 때문에 그 구체적인 모양을 알 수 없었습니다. 그 후 르네상스 시대를 거치면서 점차 이 입체에 관심을 보이기 시작하여 1619년 케플러에 의해서 완전하게 복구되었습니다. 준정다면체에는 3가지의 종류가 있습니다.

① 깎은 준정다면체(Truncated Platonic Solids)

각 꼭지점을 같은 모양의 정다각형으로 잘라 생긴 다면체로 기존의 5개의 정다면체(플라톤 입체)를 각각 깎아 5개의 준정다면체(아르키메데스의 입체)를 만들었습니다.

깎은 정사면체 (Truncated Tetrahedron)	깎은 정육면체 (Truncated Cube)	깎은 정팔면체 (Truncated Octahedron)	깎은 정십이면체 (Truncated Dodecahedron)	깎은 정이십면체 (Truncated Icosahedron)

② 두 개의 특별한 준정다면체 (Two Special Archimedeans)

어떤 정다면체의 각 면의 무게중심을 이으면 다른 정다면체를 만들어냅니다. 즉 서로 면과 꼭지점을 바꿔 넣은 다면체를 말하는데 '쌍대 다면체'라고 합니다. 정육면체와 정팔면체가 쌍대 관계에 있고 또, 정십이면체와 정이십면체가 쌍대 관계에 있습니다. 이런 쌍대 다면체에서 유도한 준정다면체가 있습니다.

Cuboctahedron(육팔면체)		Icosidodecahedron(십이이십면체)	
정육면체와 정팔면체에서 유도함		정십이면체와 정이십면체에서 유도함	

③ 마름모꼴의 준정다면체(The Rhombic Archimedeans)

각 모서리를 2번 이상 깎아 만든 다면체입니다. 이들은 기존의 정다면체(플라톤 입체)보다 더 많은 대칭성을 가지고 있습니다.

부풀린 육팔면체 (Rhombicuboctahedron)	다듬은 육팔면체 (Truncated Cuboctahedron)	부풀린 십이이십면체 (Rhombicosidodecahedron)	다듬은 십이이십면체 (Truncated Icosidodecahedron)	다듬은 정육면체 (Snub Cube)	다듬은 정이십면체 (Snub Dodecahedron)

정다면체는 왜 5개뿐일까?

각 면이 모두 정다각형이고 각 꼭지점에 모이는 면의 개수가 같은 볼록다각형을 정다면체라고 합니다. 피타고라스 학파에 의해 정다면체는 모두 5가지밖에 없다는 것은 이미 알려진 사실입니다. 이것을 오일러 공식을 이용하여 증명해봅시다.

 풀이

하나의 꼭지점에 모이는 면의 개수에 대해 생각해 보면 3개 이상이어야 하고, 꼭지각의 합이 $360°$보다 작아야 합니다.

그런데 정n각형$(n \geq 3)$의 한 내각의 크기는

$$\frac{180(n-2)}{n} = 180 - \frac{360}{n}$$

이고 꼭지각 3개의 합이 $360°$보다 작아야 하므로

$$3\left(180 - \frac{360}{n}\right) < 360 \Leftrightarrow 180 - \frac{360}{n} < 120 \Leftrightarrow \frac{360}{n} > 60 \Leftrightarrow \frac{6}{n} > 1$$

$$\therefore n < 6 \quad \therefore n = 3, 4, 5$$

그러므로 정다각형의 면이 되는 것은 정삼각형, 정사각형, 정오각형인 경우뿐입니다.

1) $n=4$(정사각형)일 경우, 정사각형 한 내각의 크기는 $90°$이고, 한 꼭지점에 모이는 면의 수를 f라 하면 $90f < 360 \quad \therefore f < 4 \quad \therefore f = 3$

이때, 면의 수를 x라고 하면 다면체의 꼭지점의 수는 $4x$, 모서리의 수도 $4x$가 되는데 다면체에서는 면 3개로 하나의 꼭지점을 만들고, 2개로 하나의 모서리를 만들기 때문에 꼭지점의 수는 $\frac{4}{3}x$, 모서리의 수는 $\frac{4}{2}x$가 됩니다.

이것을 오일러 공식에 대입하면

$$\frac{4}{3}x - \frac{4}{2}x + x = 2 \quad \therefore x = 6$$

그러므로, 면이 정사각형일 때는 정육면체가 됩니다.

2) $n = 5$(정오각형)일 경우, 정오각형 한 내각의 크기는 $180°$이고, 한 꼭지점에 모이는 면의 수를 f라 하면 $108f < 360 \quad \therefore f < 3. \times\times\times \quad \therefore f = 3$

이때, 면의 수를 x라고 하면 1)과 같은 이유로 꼭지점의 수는 $\frac{5}{3}x$, 모서리의 수는 $\frac{5}{2}x$가 된다. 이것을 오일러 공식에 대입하면

$$\frac{5}{3}x - \frac{5}{2}x + x = 2 \quad \therefore x = 12$$

그러므로 면이 정오각형일 때는 정십이면체가 됩니다.

3) $n = 3$(정삼각형)일 경우, 정삼각형 한 내각의 크기는 $60°$이고, 한 꼭지점에 모이는 면의 수를 f라 하면 $60f < 360 \quad \therefore f < 6 \quad \therefore f = 3,\ 4,\ 5$

ⅰ) 한 꼭지점에 모이는 면의 개수가 3개일 때,

$$\frac{3}{3}x - \frac{3}{2}x + x = 2 \quad \therefore x = 4$$

그러므로 이때는 정사면체입니다.

ⅱ) 한 꼭지점에 모이는 면의 개수가 4개일 때,

$$\frac{3}{4}x - \frac{3}{2}x + x = 2 \quad \therefore x = 8$$

그러므로 이때는 정팔면체입니다.

ⅲ) 한 꼭지점에 모이는 면의 개수가 5개일 때,

$$\frac{3}{5}x - \frac{3}{2}x + x = 2 \quad \therefore x = 20$$

그러므로 이때는 정이십면체입니다.

1), 2), 3)에 의해서 정다면체는 정사면체, 정육면체, 정팔면체, 정십이면체, 정이십면체 다섯 가지뿐입니다.

실험실의 축구공

주기율 넥타이

화학을 연구하는데 있어 기본이라고 할 수 있는 원소주기율표는 세월이 지나면서 또한 연구를 거듭할수록 지금까지 알지 못했던 원소들이 모습을 들어냈습니다. 1984년까지 103개의 원소가 알려졌으나 지금은 7개가 더 늘어 110개가 되었습니다. 물론 이 원소들은 자연적으로 생긴 것도 있지만 과학자들이 실험실에서 새롭게 탄생시킨 새로운 것들도 있습니다. 특히 탄소를 여러 개 연결하여 만든 탄소 집합체들이 속속 밝혀지고 있습니다. 그 중에서도 흑연 조각에 레이저 광선을 쏘아 남아 있는 탄소 60개를 결합하여 만든 '플러렌(C60)'에서 수학과 관련된 놀라운 사실이 밝혀졌습니다. 플러렌의 모습이 깎은 준정다면체 중의 하나인 축구공의 형태와 똑같다는 것입니다. 축구공이 무수히 많은 발길질에도 견뎌내듯이 이 합성물도 대단히 높은 온도와 압력을 견뎌낼 수 있을 정도로 매우 안정된 구조를 갖고 있습니다. 그래서 컴퓨터의 중요부품인 트랜지스터를 만드는데 이용하는 등 널리 사용되고 있습니다. 한 마디로 플러렌은 실험실의 축구공입니다.

다음은 이와 관련된 신문 기사에서 발췌한 내용입니다.

원소는 103개? 틀렸습니다!

화학은 두 용액을 섞거나 원소의 주기율표를 외는 것으로 시작됐다. 기체의 분자 수를 헤아리는 아보가드로의 법칙, 원자번호와 원자기호를 달달 외던 주기율표, 이온결합과 공유결합의 전자쌍을 표시하는 법. 이런 것들은 더 이상 화학의 전부가 아니다. 현대 화학은 나노과학기술, 생명과학기술과 함께 나노화학, 생화학, 양자화학 등으로 끊임없이 발전하고 있다. 서강대 화학과 이덕환 교수는 "화학은 물질의 물성, 변환, 분석, 합성의 4가지를 다루는 학문인데 과거의 교과서에는 물성과 변환까지만 설명하고 있다"며 "점점 합성과 분석의 비중이 커지고 있으므로 이를 이해해야 화학이 만들어가는 미래를 알 수 있다"고 설명했다.

◇ 주기율표에는 110번 원소까지

1984년 발행된 고등학교 화학 I 의 주기율표에는 1번 수소(H)에서 103번 로렌슘(Lr)까지만 있었다. 그러나 2006년 현재 국제순수응용화학연맹(IUPAC)으로부터 공인받은 원소는 러더포늄(Rf), 더브늄(Db), 시보귬(Sg), 보륨(Bh), 하슘(Hs), 마이터너륨(Mt), 바름슈타튬(Ds) 등 모두 7개로 110번까지 있다. 사실 자연계에 존재하는 원소는 우라늄(원소번호 92번)이 마지막이다. 93번 넵투늄부터는 과학자들이 실험실에서 핵융합을 통해 만들어낸 인공적인 원소다. (중략)

◇ 탄소원자들의 다양한 결합

"같은 원소라도 두 가지 이상의 다른 고체로 존재할 수 있다. 예를 들면 탄소는 원자들의 결합방식에 따라 다이아몬드와 흑연으로 존재한다." (고등학교 화학 I, 원자)

과거에는 탄소만으로 구성된 분자를 두 가지밖에 알지 못했다. 물론 탄소 분자 중 가장 안정된 것이 흑연이며 가장 고가인 것이 다이아몬드다. 그러나 탄소를 여러 개 연결하면 새로운 유형의 탄소 집합체를 만들 수 있다는 사실이 밝혀졌다.

과학자들은 흑연 조각에 레이저를 쏘았을 때 남아 있는 그을음에서 탄소 60개가 축구공 형태로 연결된 구조체 '풀러렌'을 발견했다. 90년 풀러렌 생성법이 발견된 이래 실험실에서는 새로운 형태의 탄소 분자들이 잇따라 발견됐다. 이들은 내부가 비어있어 다른 물질을 가두둘 수 있다. 요즘 인기 있는 탄소나노튜브도 탄소 6개로 이루어진 육각형들이 서로 연결되어 관 모양을 이루고 있는 탄소 복합체이다. 탄소나노튜브는 그 구조에 따라 금속성을 띠거나 반도체 성질을 나타낸다. 반도체 성질을 나타내는 탄소나노튜브를 이용해 컴퓨터의 핵심부품인 중앙처리장치(CPU)에 들어가는 트랜지스터를 개발하고 있다. (중략)

「경향신문 2006-11-26」

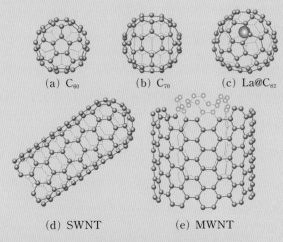

(a) C_{60} (b) C_{70} (c) $La@C_{82}$

(d) SWNT   (e) MWNT

공 모양의 둥근 탄소구조체물들(a, b, c)과 탄소 나노튜브(d, e)의 구조

천재 수학자의 기발한
사고의 전환으로 탄생한 위상기하학

　수학과 물리학에서 천재적인 능력을 지닌 학자 오일러는 18세기의 가장 뛰어난 수학자라 할 수 있습니다. 업적의 양이나 질에서 오일러는 타의 추종을 불허합니다. 생전에 500여 편의 저서와 논문을 발표하였고, 현재까지 출간 된 전집만 75권에 달합니다. 그가 죽은 후 43년이 지나서야 그의 저서들을 모두 출판할 수 있을 정도로 그의 연구에 대한 열정과 성과는 대단했습니다.

오일러(Leonhard Euler,
1707.4.15~1783.9.18)

　1707년 스위스의 바젤에서 태어난 오일러는 목사인 아버지의 영향으로 신학을 공부하였습니다. 그러나 그의 수학적 능력과 뛰어난 재능, 근면성은 당시 유명한 수학자였던 베르누이의 눈에 띄었습니다. 그리고 얼마 후인 1727년, 베르누이의 도움으로 러시아의 상트 페테르부르크 아카데미에 의학부에 채용되어 학자의 길을 걷게 되었습니다.

　오일러는 수학뿐만 아니라 응용 분야인 역학, 유체 역학, 광학 등을 다양하게 연구했으며, 심지어 음악에까지 관심이 많았습니다. 수학이 아닌 다른 분야에 대한 연구열이 컸지만 그의 목적은 언제나 수학적인 것이었습니다. 1747년에 프러시아의 프리드리히 대왕의 초청을 받아들여 베를린 과학 아카데미로 자리를 옮겼다가, 1766년 예카테리나 2세의 간절한 초청을 받아들여 다시 러시아로 돌아갔습니다. 1771년에는 연구에 너무 몰두한 나머지 오른쪽 눈이 멀어버리는 불운을 겪기도 하지만 그의 연구에 대한 열의는 지칠 줄 몰랐습니다. 그러다 나머지 한쪽 눈마저 백내장으로 시력을 잃어갔습니다. 그러던 어느 날 그는 어떤 이와 천왕성에 관한 이야기를 나누고 있다가 갑자기 쓰러졌습니다. "나는 이제 죽는다"라는 말을 남기며 숨을 거두었다고 합니다.

수학 역사상 오일러만큼 많은 책을 저술한 수학자가 없습니다. 그만큼 그의 업적은 대단합니다. 오일러가 남긴 성과는 우리가 공부하는 수학 교과서 곳곳에서도 찾아볼 수 있습니다.

π(원주율), e(자연대수), i(복소수), $\int$(적분기호), $\sum$(수열의 합), $f(x)$ 등의 수학 기호도 오일러의 작품입니다. 해석학, 미분방정식, 특성함수, 방정식론, 수론, 미분기하학, 위상기하학, 확률론 등에도 오일러의 손길이 미치지 않은 곳이 없습니다.

위대한 수학자 오일러는 보이는 것을 보이는 그대로 받아들이지 않는 기발한 사고의 전환으로 '오일러 경로'와 '오일러 공식'을 발견한 위상기하학의 선구자이며, 현대 과학 문명 발달의 보석 같은 초석이 아닐 수 없습니다. 그러나 그의 사고 전환의 시발점은 우리가 감히 꿈도 못 꿀 그런 것들이 결코 아니었습니다. 미로, 산책로, 컵, 상자들, 축구공 등 일상에서 흔히 볼 수 있는 평범한 것들이었습니다.

위대한 수학자 오일러처럼 아무리 사소한 것이라 해도 그냥 지나쳐 버리지 말고 깊고 신중하게 생각하는 습관을 키워야 합니다. 그저 놀이 삼아 풀던 미로에서 반도체라는 현대 문명의 보석을 발견했듯이 말입니다.

반도체

특목고 자사고 가는 수학 2 : 기하와 미로

펴낸날	초 판 1쇄 2007년 8월 14일
	개정판 1쇄 2008년 4월 28일
	개정판 6쇄 2019년 10월 22일

지은이	매쓰멘토스 수학연구회
펴낸이	심만수
펴낸곳	(주)살림출판사
출판등록	1989년 11월 1일 제9-210호

주소	경기도 파주시 광인사길 30
전화	031-955-1350 팩스 031-624-1356
홈페이지	http://www.sallimbooks.com
이메일	book@sallimbooks.com

ISBN	978-89-522-0871-2 44410(2권)
	978-89-522-0874-3 44410(세트)

※ 값은 뒤표지에 있습니다.
※ 잘못 만들어진 책은 구입하신 서점에서 바꾸어 드립니다.